MATEMÁTICAS PRÁCTICAS

1° DE PRIMARIA

Mi libro: _____

Introducción

Este libro está cuidadosamente diseñado con las actividades que favorecerán el aprendizaje de los contenidos que un niño de 1° de primaria debe saber. La construcción de número en este grado es básica para comprender el valor posicional y sus reglas de cambio se sugiere acompañar las actividades con material concreto, usar los dedos fichas o palitos para hacer las sumas y restas.

Los niños y niñas de esta edad deben realizar sus tareas escolares con vigilancia de un adulto, pero poco a poco durante el primer ciclo escolar ir fomentando la autonomía dejando que contesten solos para después revisar y explicar si fuera necesario algún contenido.

El dominio de la serie numérica del 1 al 100 es uno de los temas que más se abordarán, pero es importante saber que la Nueva Escuela Mexicana sugiere el domino de la serie numérica hasta el 120. En el libro Matemáticas Prácticas 2° de Primaria se elaboraron actividades para que los niños aprendieran la serie numérica hasta el 1000 y es un libro que da continuación a este siguiendo la misma metodología por lo que se sugiere adquirirlo.

Se dividieron las actividades en 10 unidades de trabajo en las que se abordan los mismos contenidos pero con mayor grado de dificultad cada una.

El uso del tiempo, la geometría y la solución de problemas se abordan en todas las unidades de trabajo. Es importante señalar que muchas de estas actividades las he realizado con mis alumnos en las aulas de educación regular.

Espero que este libro de Matemáticas Prácticas para niños de 1° de primaria sea de tu agrado.

Maestra: Luz Castillo.

Unidad 1

Los números del 1 al 10

Cuenta las fichas azules y une las con el número correspondiente a cada conjunto.

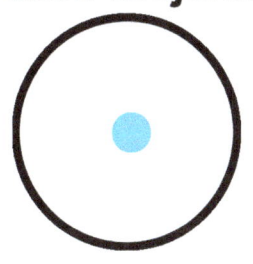 

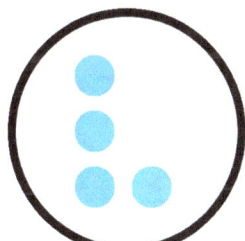 

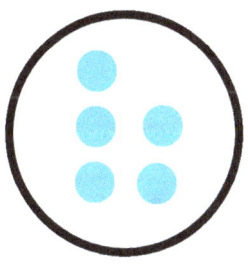 

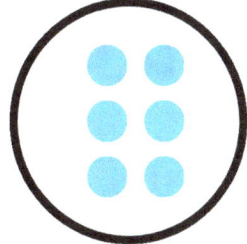

Cuenta las fichas azules y une las con el número correspondiente a cada conjunto.

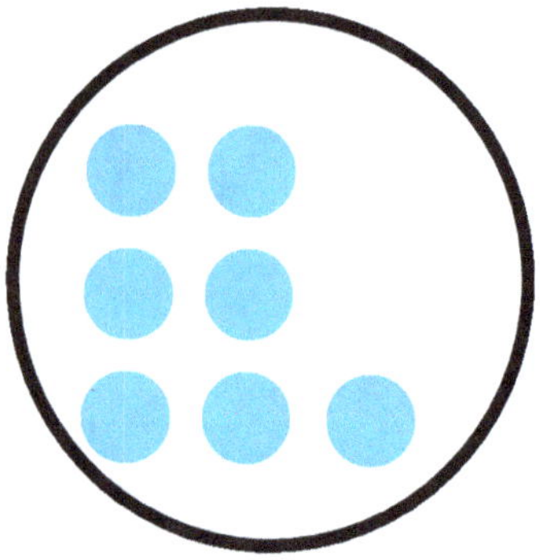

7

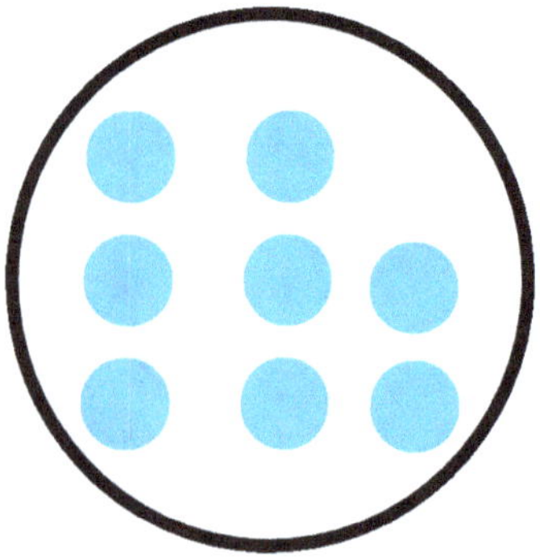

8

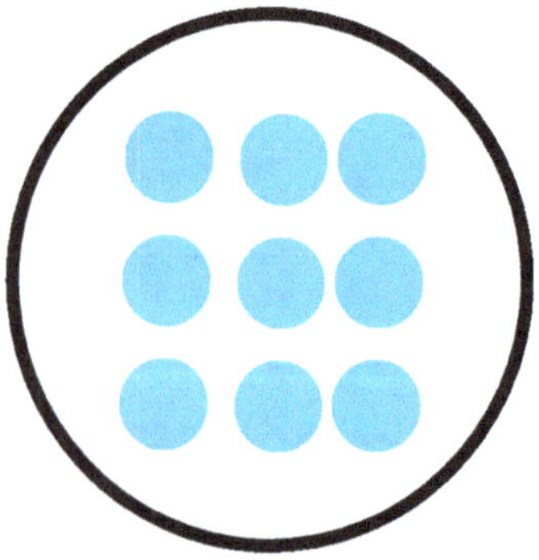

9

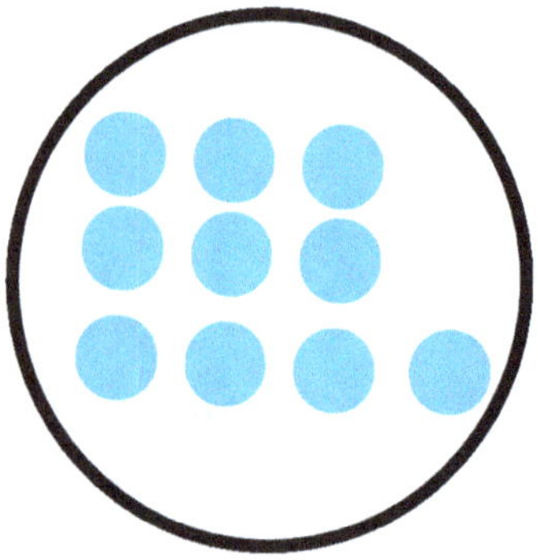

10

Cuenta la cantidad de fichas que hay en cada conjunto y escribe el número correspondiente a cada uno.

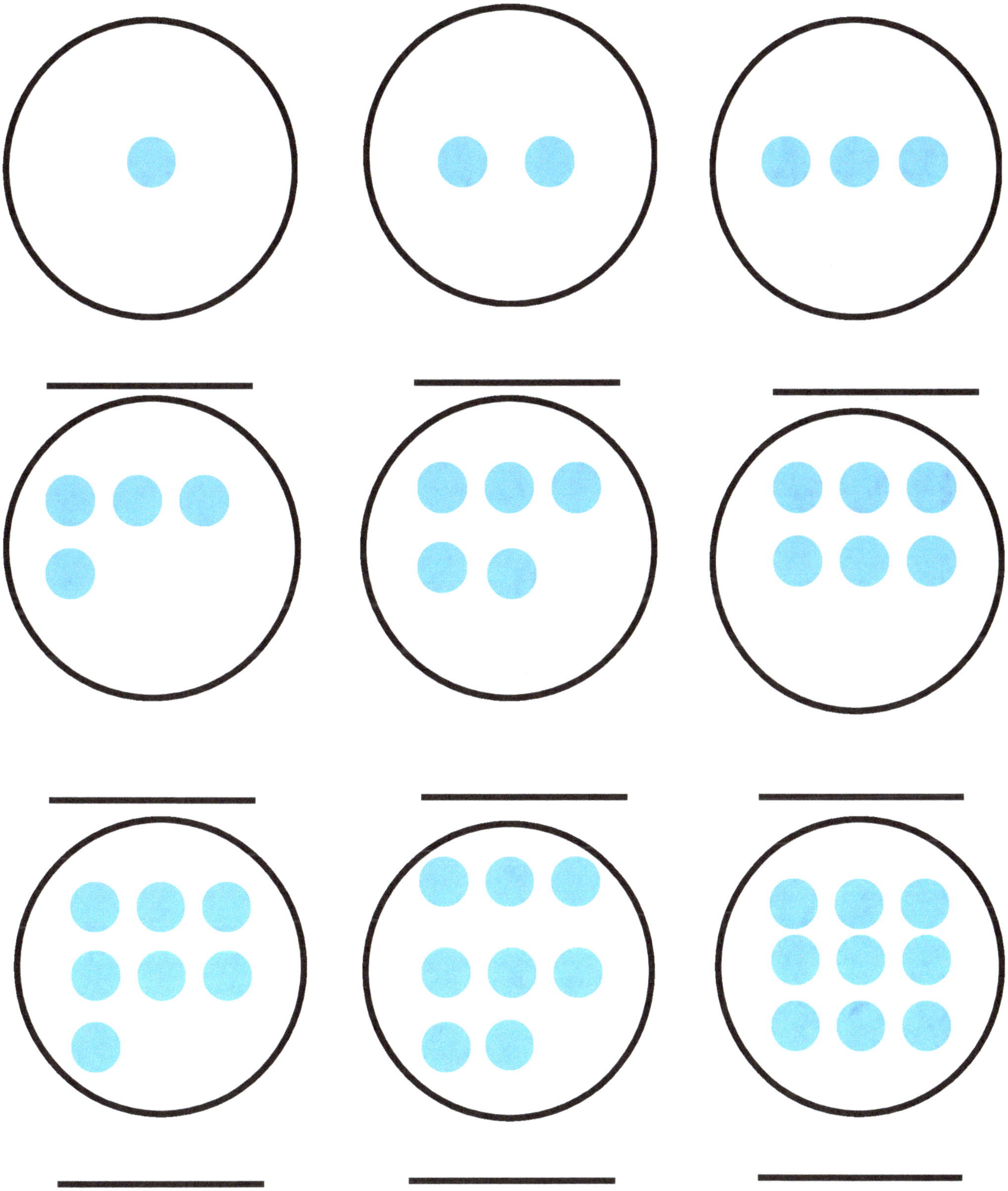

Completa la serie numérica y menciona el nombre de cada número

1 _ 3 _ 5 _ 7 _ 9 _

1, 2, 3, 4, 5, 6, 7, 8, 9, 10

Lee el nombre de los números, posteriormente escribe sobre las líneas el nombre de cada uno.

1 uno	1 _____
2 dos	2 _____
3 tres	3 _____
4 cuatro	4 _____
5 cinco	5 _____
6 seis	6 _____
7 siete	7 _____
8 ocho	8 _____
9 nueve	9 _____
10 diez	10 _____

1	uno
2	dos
3	tres

4 cuatro

5 cinco

6 seis

6

7 siete

7 7 7 7 7 7 7

8 ocho

8 8 8 8 8 8 8

9 nueve

9 9 9 9 9 9 9

10 diez

10 10 10 10 10

Cuenta hacia atrás

10 9 8 7 6 5

4 3 2 1

Cuenta hacia atrás

10 9 8 7 6

5 4 3 2 1

Sumas con dedos

Cuenta los dedos, llena las casillas y completa las adiciones.

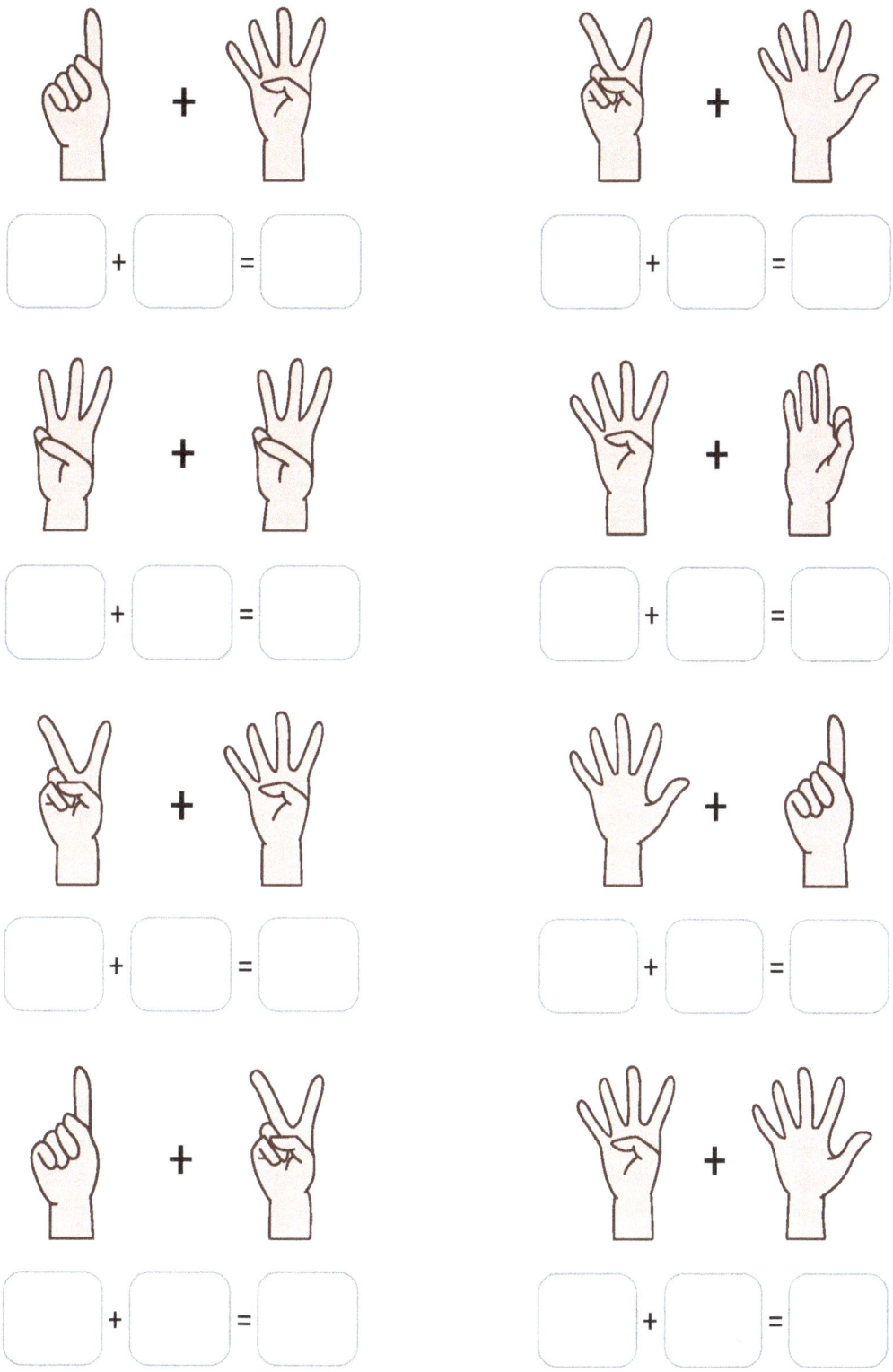

Sumas

Cuenta los puntos de los dado y escribe el resultado de las sumas en las casillas.

 +  =

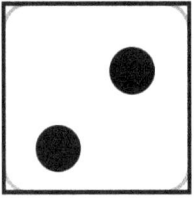 +  =

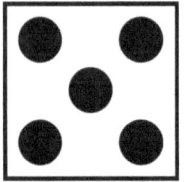 + 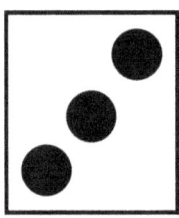 =

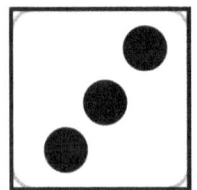 + 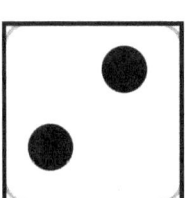 =

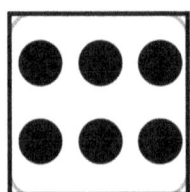 + 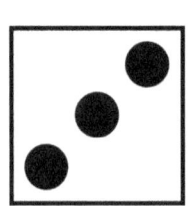 =

Adición de frutas

Agrega las frutas y escribe el resultado

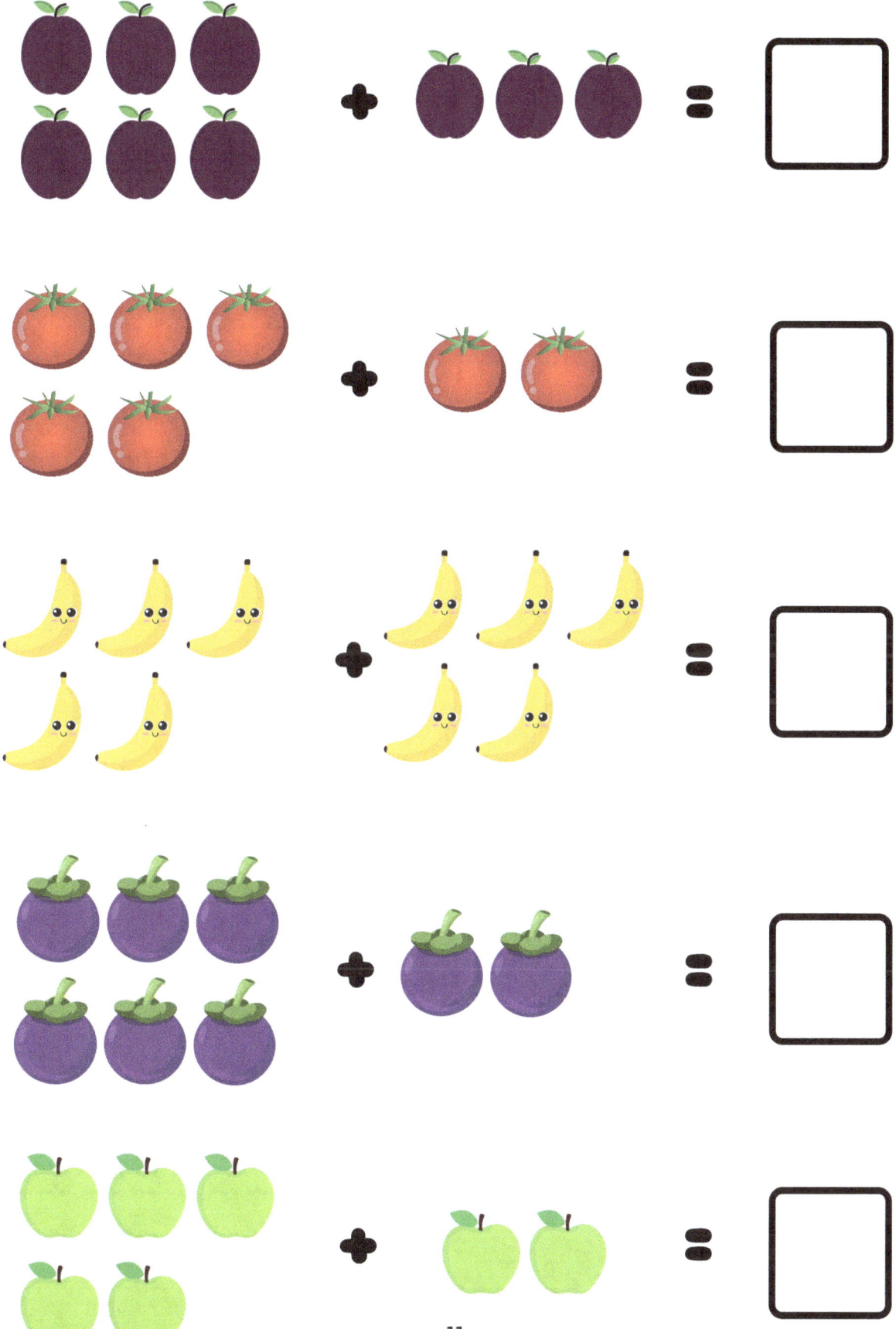

Nombre:_____ Fecha: _____

Resuelve las sumas con ayuda de las rectas numéricas.

2 + 3 = ___	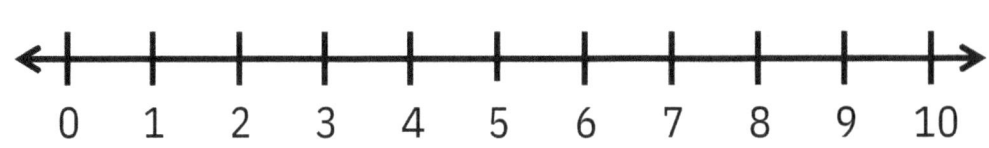
5 + 4 = ___	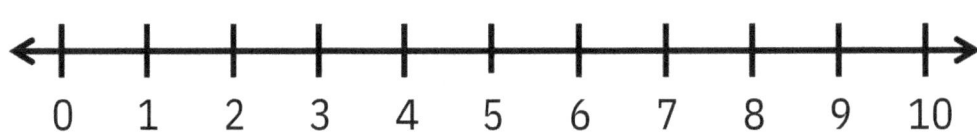
6 + 2 = ___	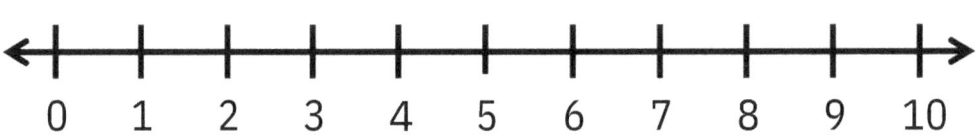
7 + 3 = ___	
4 + 4 = ___	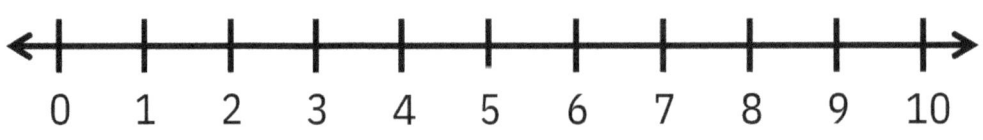
6 + 3 = ___	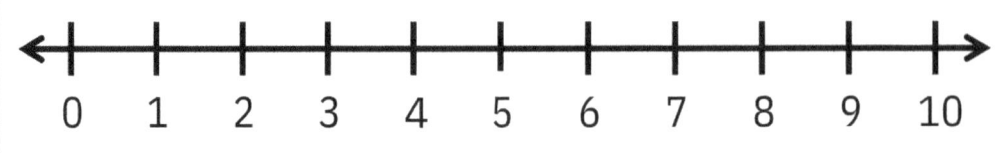

Sumas

Resuelve las sumas y escribe los resultados en las manzanas

7+1=  1+2=  5+3=

6+2=  2+0=  3+4=

5+0=  3+1=  5+2=

9+0=  4+4=  3+4=

2+4=  5+5=  1+3=

3+1=  4+6=  3+4=

2+6=  3+3=  2+6=

Sudoku de Primavera

Corta las imágenes de la parte inferior de la página y pégalas en el lugar correcto de la cuadrícula de Sudoku. Cada imagen debe aparecer solo una vez en cada fila y columna.

Medición
Mide la longitud de cada lápiz y escríbelo en el cuadro.

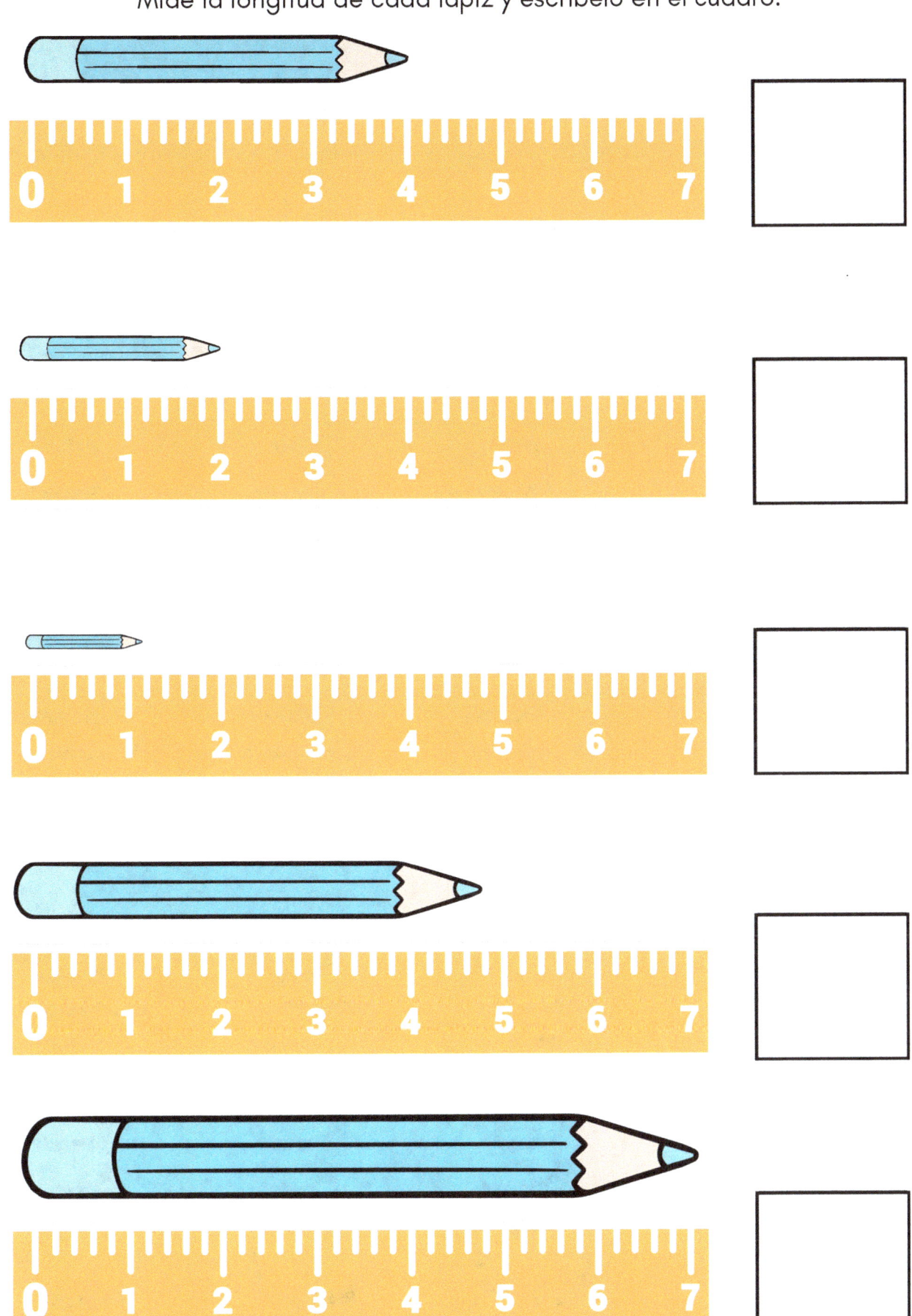

Nombre:

Traza el nombre de la figura

Traza el círculo

Colorea:

Círculo Círculo
Círculo Círculo
Círculo Círculo

Figuras Geométricas

Tacha la respuesta correcta

¿Cómo se llama?

| círculo |
| cuadrado |
| triángulo |

¿Cómo se llama?

| triángulo |
| cuadrado |
| círculo |

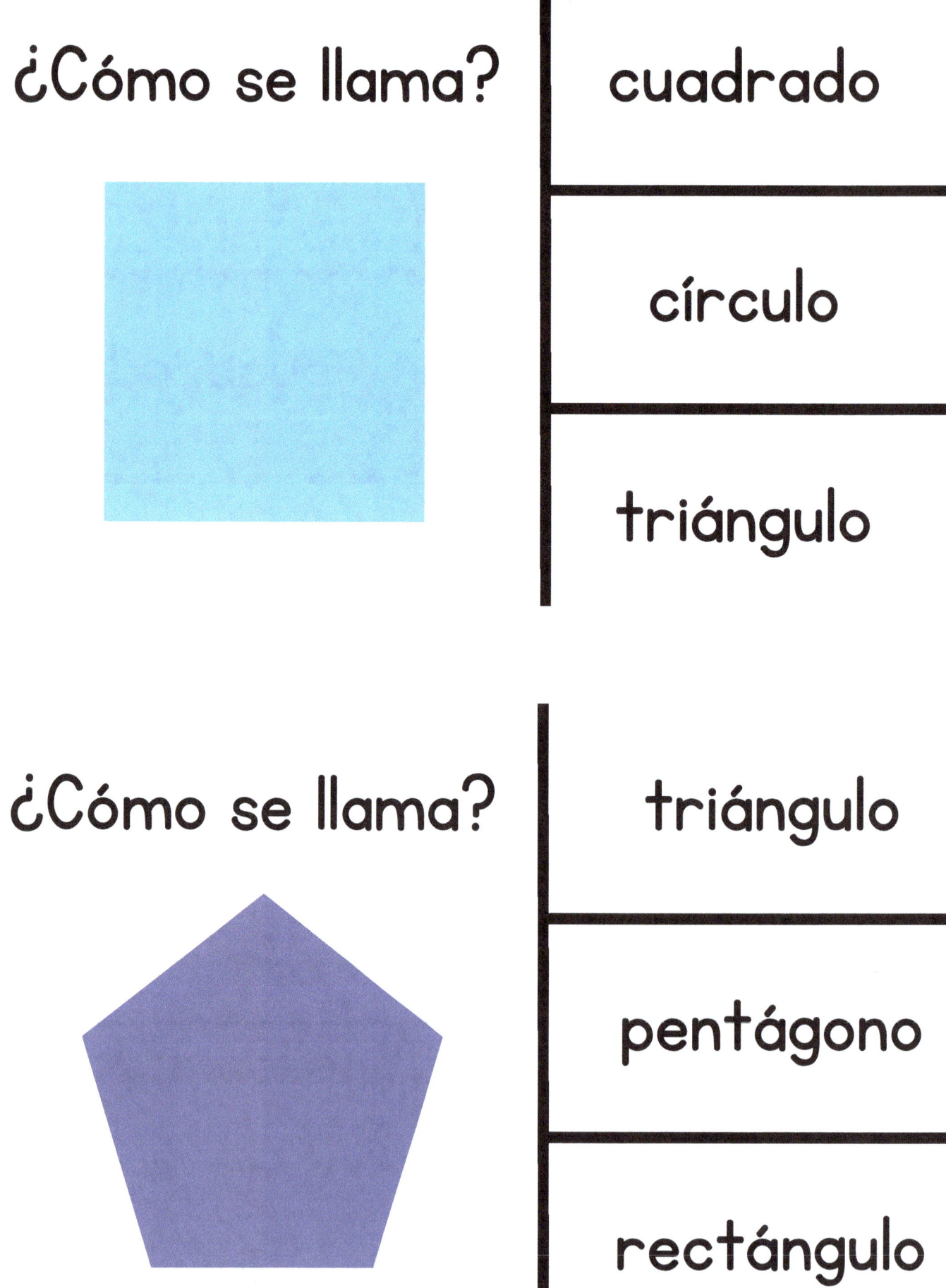

Formas y figuras Geométricas

Pega las figuras correctas en sus contornos.

Unidad 2
Número y valor posicional

En matemáticas una unidad es igual a un objeto. Una decena es igual a un grupo de diez unidades, es decir un grupo de 10 objetos. Observa los ejemplos:

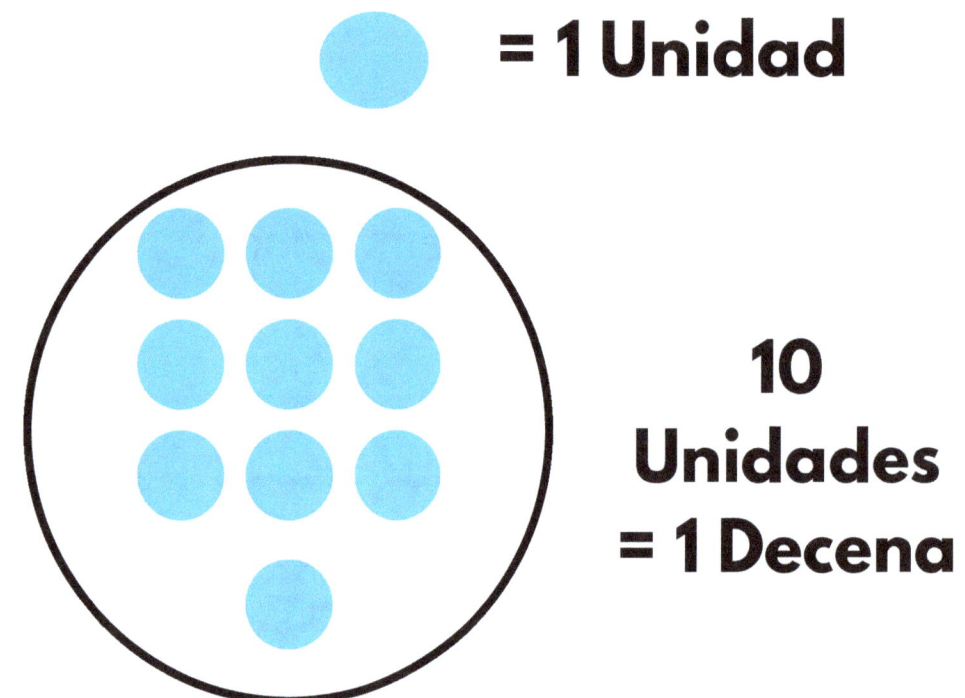

La decena también la podemos representar con una ficha a la que le asignamos el valor de 10

Entonces 1 decena vale 10 unidades y se puede representar con un grupo de 10 objetos o con un solo objeto que valga 10.

Cuenta cuántas decenas hay en el siguiente grupo de objetos y enciérralas, después escribe la cantidad de decenas y las unidades que quedan sueltas.

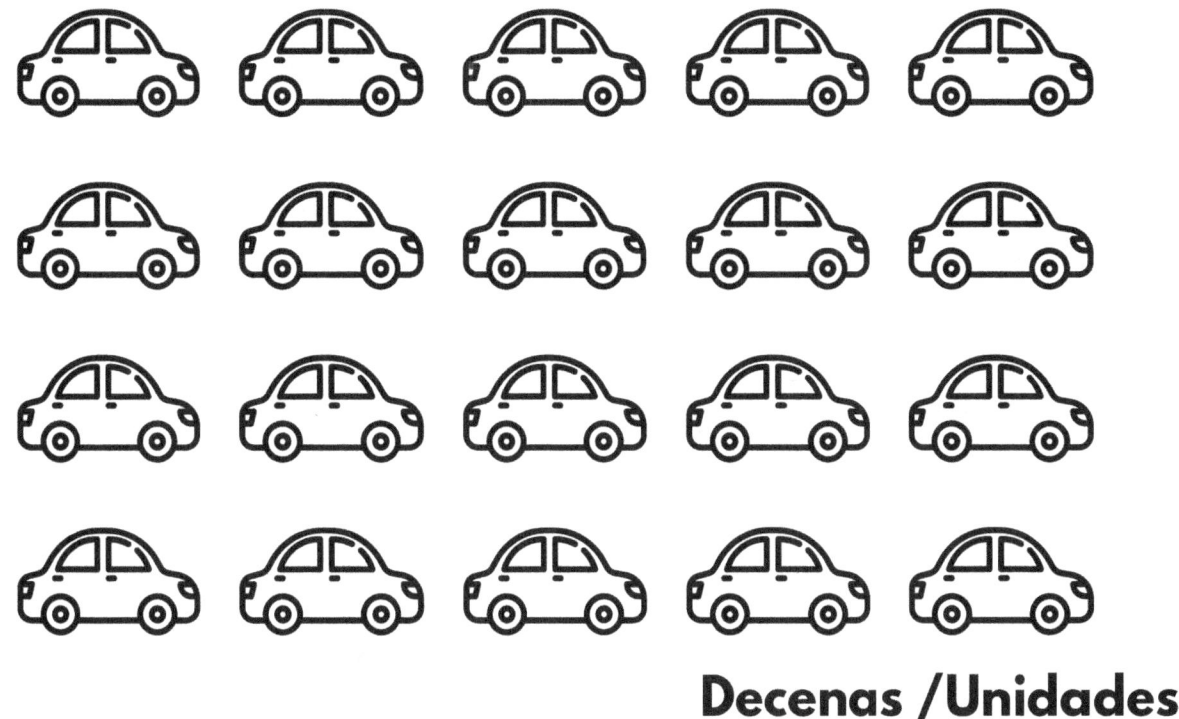

Decenas /Unidades

_____

Decenas /Unidades

_____

Cuenta cuántas decenas hay en el siguiente grupo de objetos y enciérralas, después escribe la cantidad de decenas y las unidades que quedan sueltas.

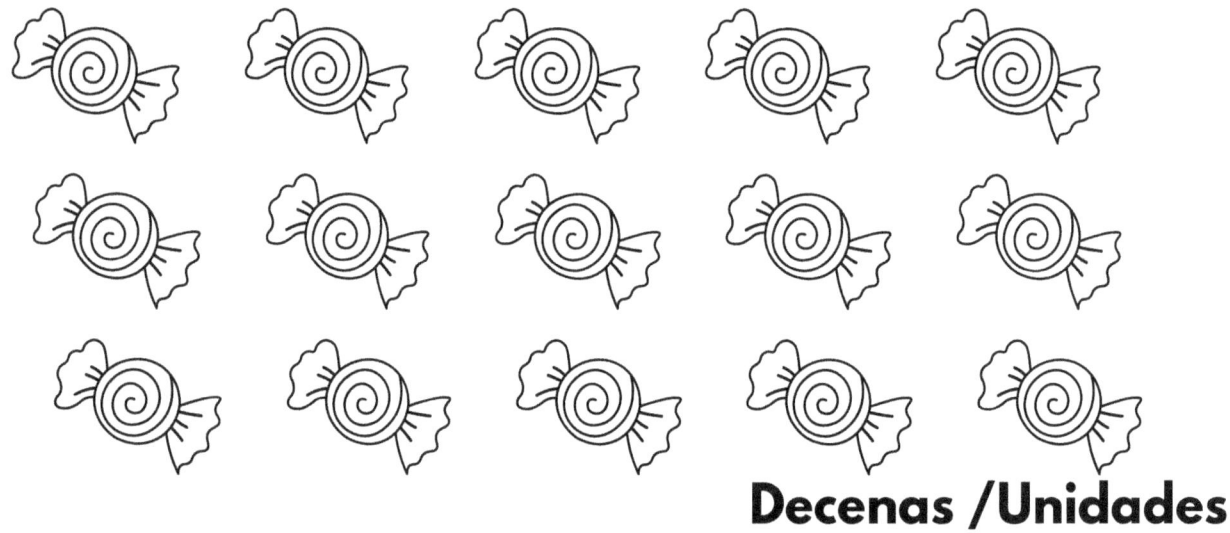

Decenas /Unidades

_____

Decenas /Unidades

_____

Nombre: _____ **Fecha:** _____

Cuenta cuántas decenas hay en el siguiente grupo de objetos y enciérralas, después escribe la cantidad de decenas y las unidades que quedan sueltas.

Decenas /Unidades

_____

Decenas /Unidades

_____

Decenas /Unidades

_____

Nombre: _____ **Fecha:** _____

Cuenta cuántas decenas hay en el siguiente grupo de objetos y enciérralas, después escribe la cantidad de decenas y las unidades que quedan sueltas.

Decenas /Unidades

_____

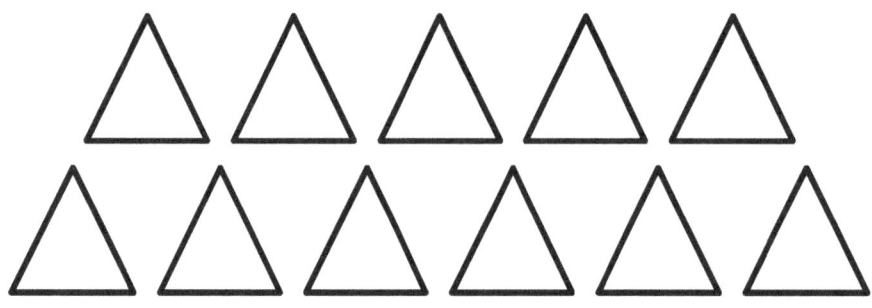

Decenas /Unidades

_____

Decenas /Unidades

_____

Nombre:_____ **Fecha:**_____

Cuenta cuántas decenas hay en el siguiente grupo de objetos y enciérralas, después escribe la cantidad de decenas y las unidades que quedan sueltas.

☆☆☆☆☆☆
☆☆☆☆☆☆

Decenas /Unidades

_____

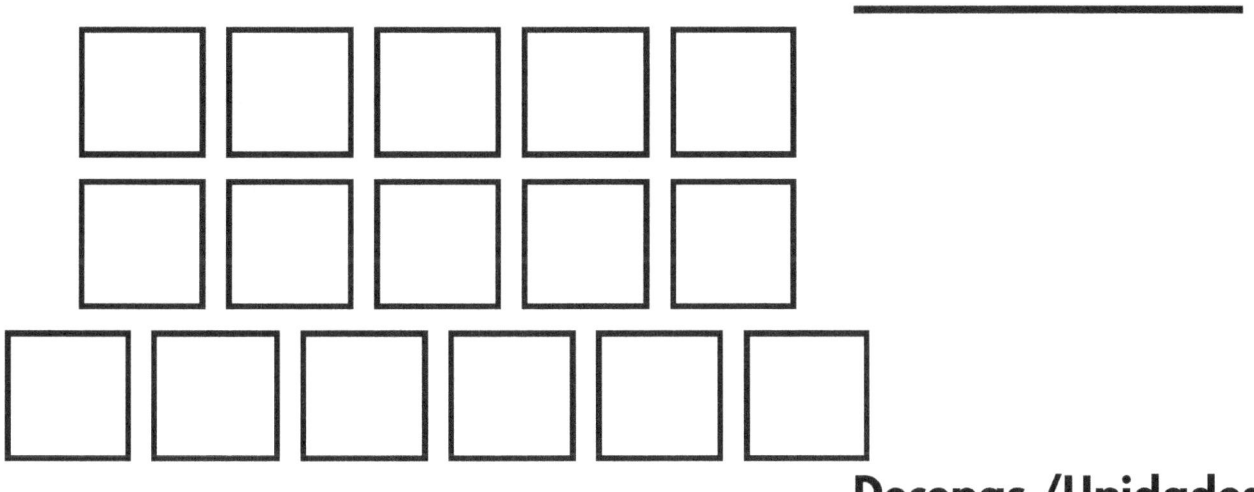

Decenas /Unidades

_____

Decenas /Unidades

_____

Di la serie numérica del 11 al 20 después complétala escribiendo los números que faltan en las líneas.

11, 12, 13, 14, 15, 16, 17, 18, 19, 20

11, __, 13, __, 15, __, 17, __, 19, __

Lee y escribe los nombres de los números.

11 once	11 _____
12 doce	12 _____
13 trece	13 _____
14 catorce	14 _____
15 quince	15 _____
16 dieciséis	16 _____
17 diecisiete	17 _____
18 dieciocho	18 _____
19 diecinueve	19 _____
20 veinte	20 _____

11 once

12 doce

13 trece

14 catorce

14 14 14 14 14

15 quince

15 15 15 15 15

16 dieciséis

16 16 16 16 16

17 diecisiete

17 17 17 17 17

18 dieciocho

18 18 18 18 18

19 diecinueve

19 19 19 19 19

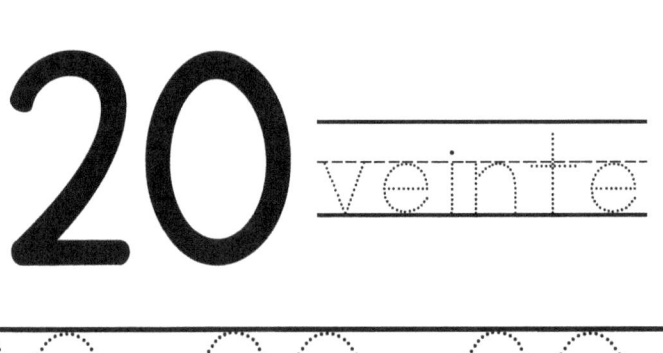

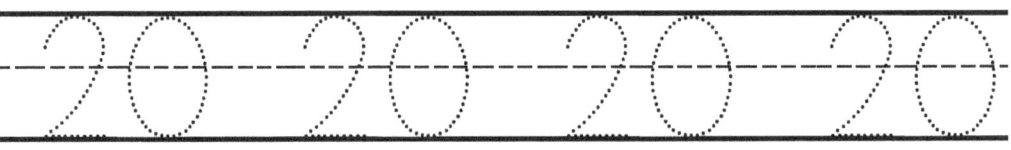

Cuenta hacia atrás

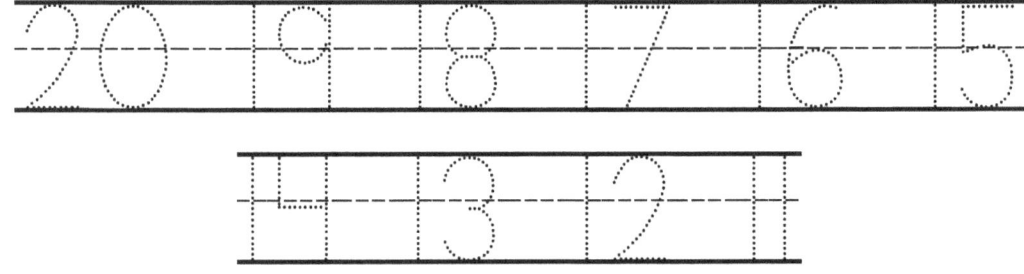

Cuenta hacia atrás

Dibuja la cantidad de pelotas que indica el número.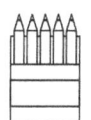

11

14

16

Dibuja la cantidad de estrellas que indica el número.

13

17

19

Dibuja la cantidad de fichas correspondiente al número dado. Fíjate en el ejemplo:

12 ● ● ● _____

14 _____

8 _____

15 _____

5 _____

17 _____

20 _____

10 _____

16 _____

3 _____

7 _____

11 _____

SUMA

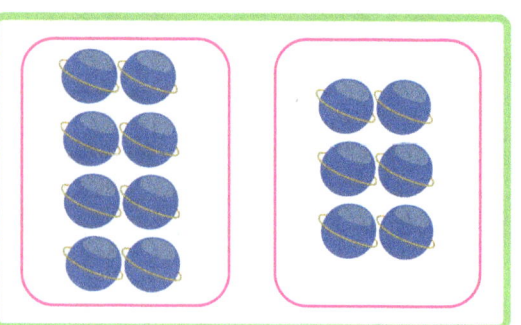 

Nombre: _____ Fecha: _____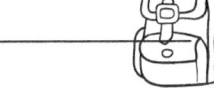

Resuelve las sumas con ayuda de la recta numérica.

2 + 2 = ___	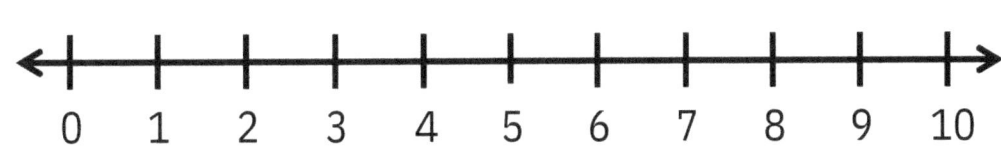
4 + 3 = ___	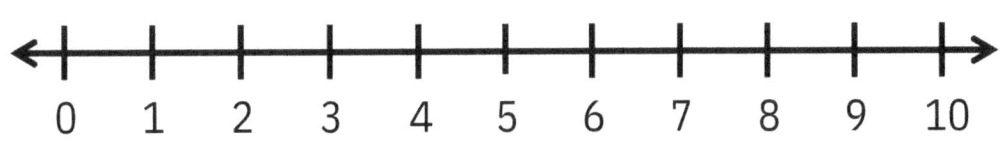
5 + 2 = ___	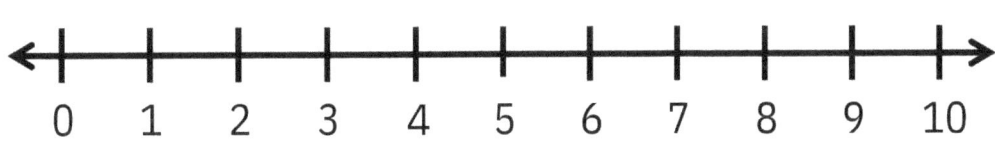
6 + 4 = ___	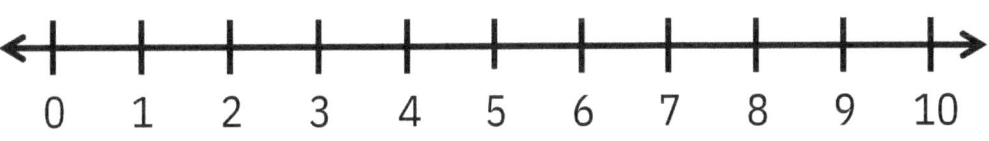
4 + 2 = ___	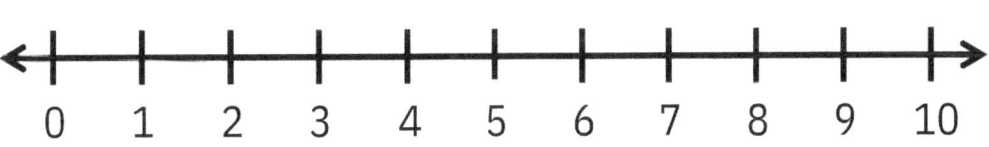
5 + 3 = ___	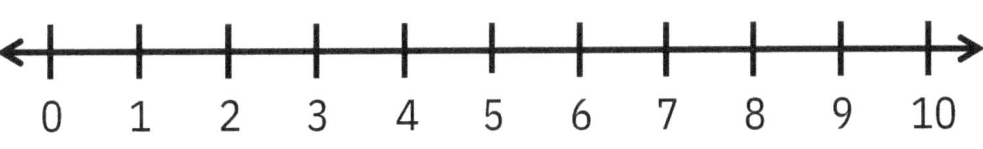

Sustracción

Resuelve las restas y escribe el resultado abajo de cada línea.

```
  5        5        5        4        5        8
- 4      - 1      - 4      - 0      - 3      - 1
____     ____     ____     ____     ____     ____


  6        7        2        2        5        9
- 3      - 5      - 1      - 1      - 2      - 7
____     ____     ____     ____     ____     ____


  5        3        7        5        8        9
- 3      - 0      - 3      - 3      - 0      - 1
____     ____     ____     ____     ____     ____


  1        6        9        5        2        7
- 0      - 1      - 5      - 4      - 2      - 0
____     ____     ____     ____     ____     ____


  9        3        4        2        4        6
- 5      - 3      - 4      - 2      - 0      - 0
____     ____     ____     ____     ____     ____
```

Resuelve las sumas

| 10+ 3= | 12+ 2= | 14+ 4= | 15+ 2= |

| 17+ 3= | 11+ 4= | 17+ 3= | 16+ 3= |

| 10+ 5= | 13+ 2= | 14+ 5= | 19+ 1= |

| 18+ 1= | 16+ 2= | 14+ 4= | 12+ 5= |

Traza y colorea los círculos

Colorea

Traza

Une los puntos

Dibuja

Traza y colorea los cuadrados

Colorea

Traza

Une los puntos

Dibuja

Nombre

Traza el cuadrado

Colorea:

Traza el nombre de la figura

cuadrado

cuadrado

cuadrado

Une los puntos y colorea

Une los puntos iniciando del punto número 1 y termina en el número 20

Une los puntos y colorea

Une los puntos iniciando en el número 1 y termina en el número 20.

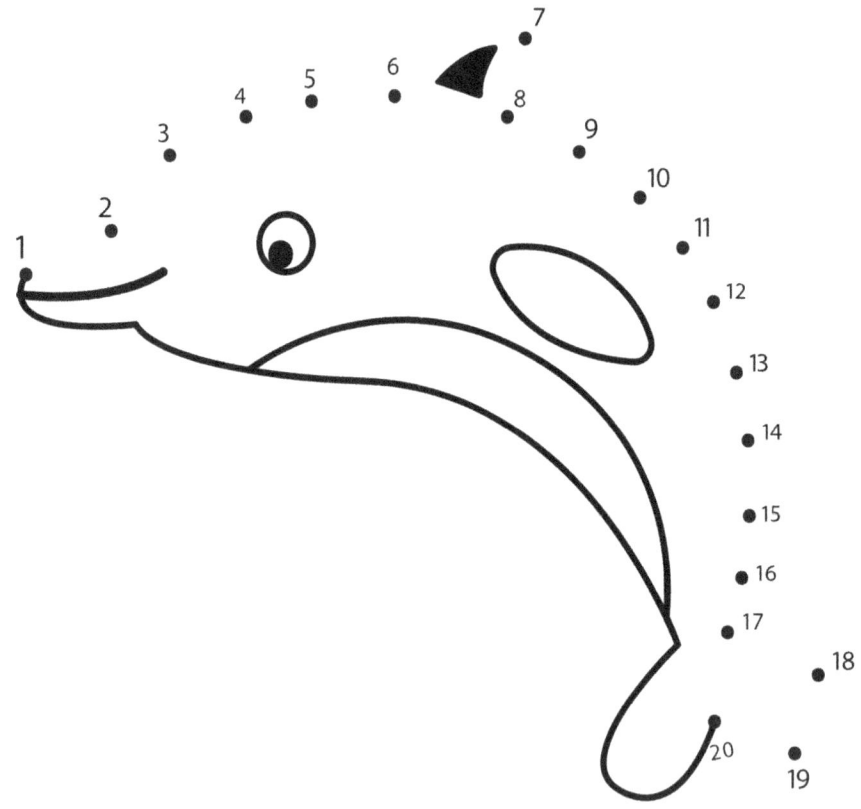

Unidad 3

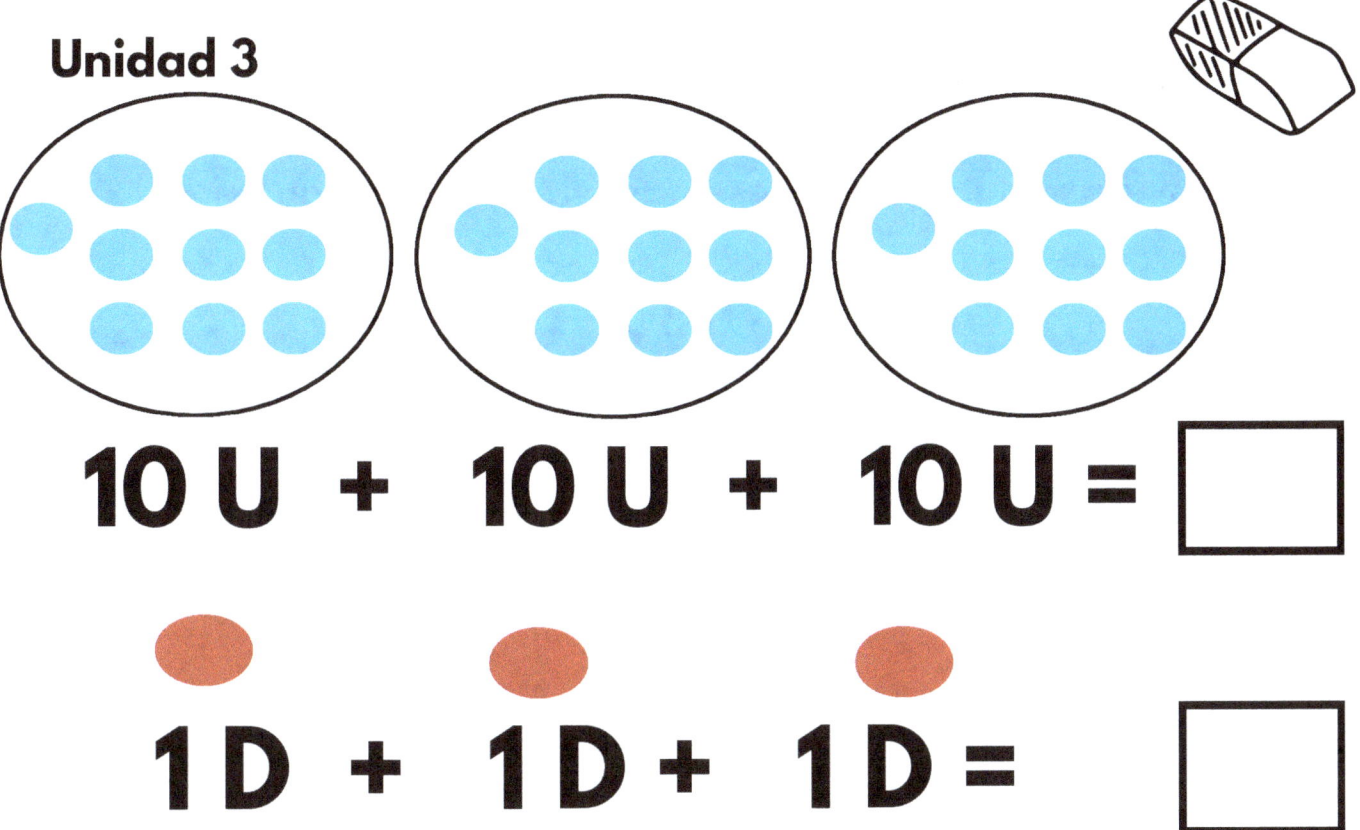

10 U + 10 U + 10 U = ☐

1 D + 1 D + 1 D = ☐

Dibuja las fichas correspondientes en los círculos, las fichas de las unidades que se indican abajo y escribe el resultado de las sumas en los recuadros.

○ ○ ○

10 U + 10 U + 10 U = ☐

1 D + 1 D + 1 D = ☐

Dibuja las fichas correspondientes a las Unidades y Decenas que se te indican, recuerda que las fichas que representan a las unidades son de color azul y las fichas que representan a las decenas son rojas.

20 Unidades

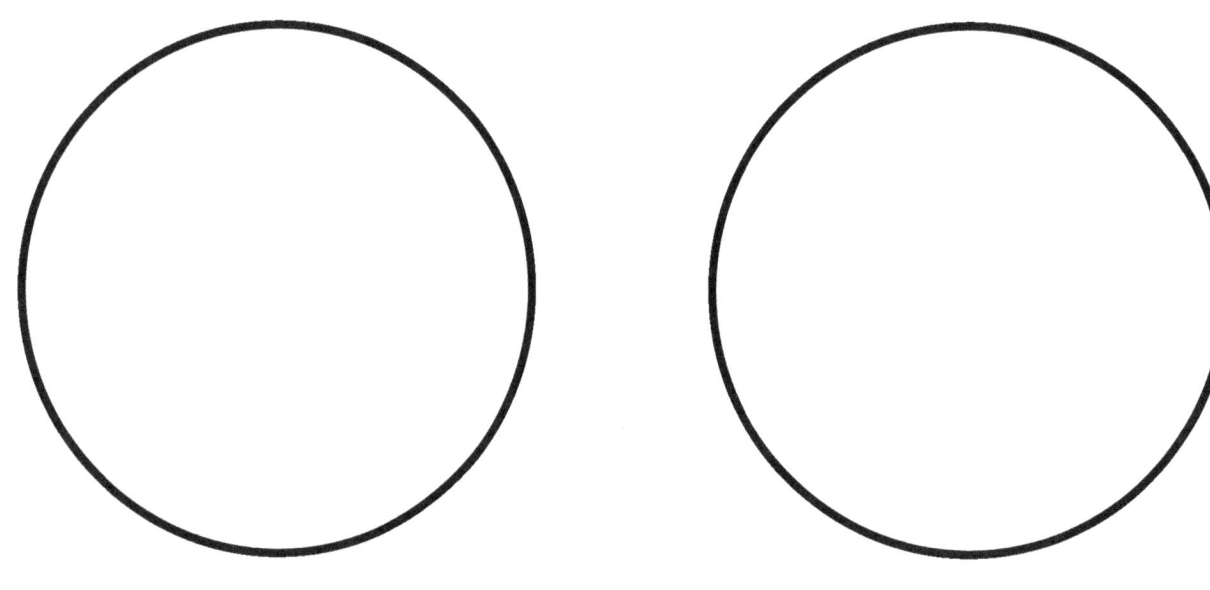

2 Decenas

_____   _____

10 Unidades

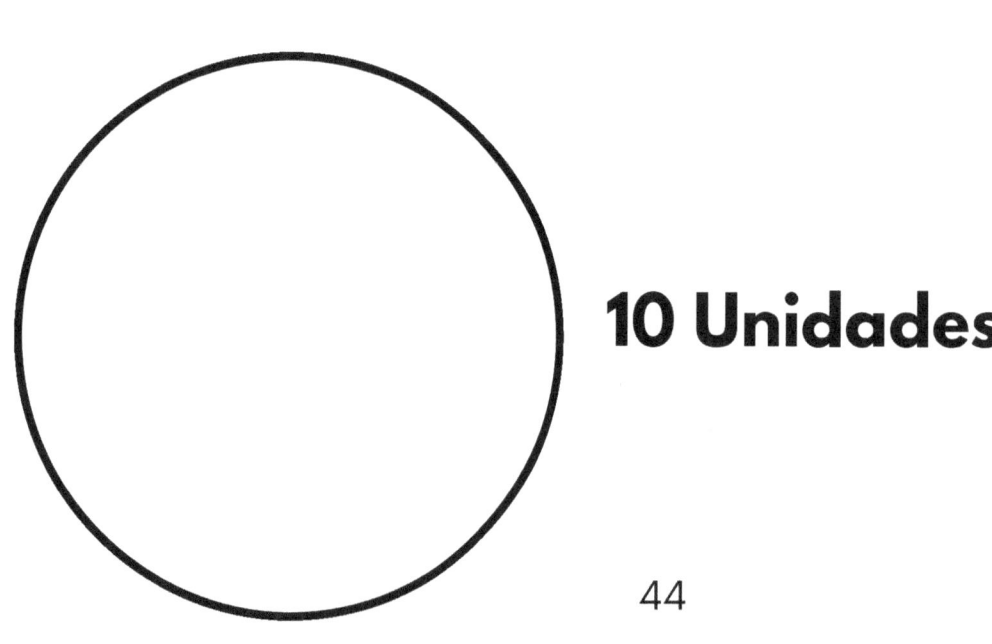

30 Unidades

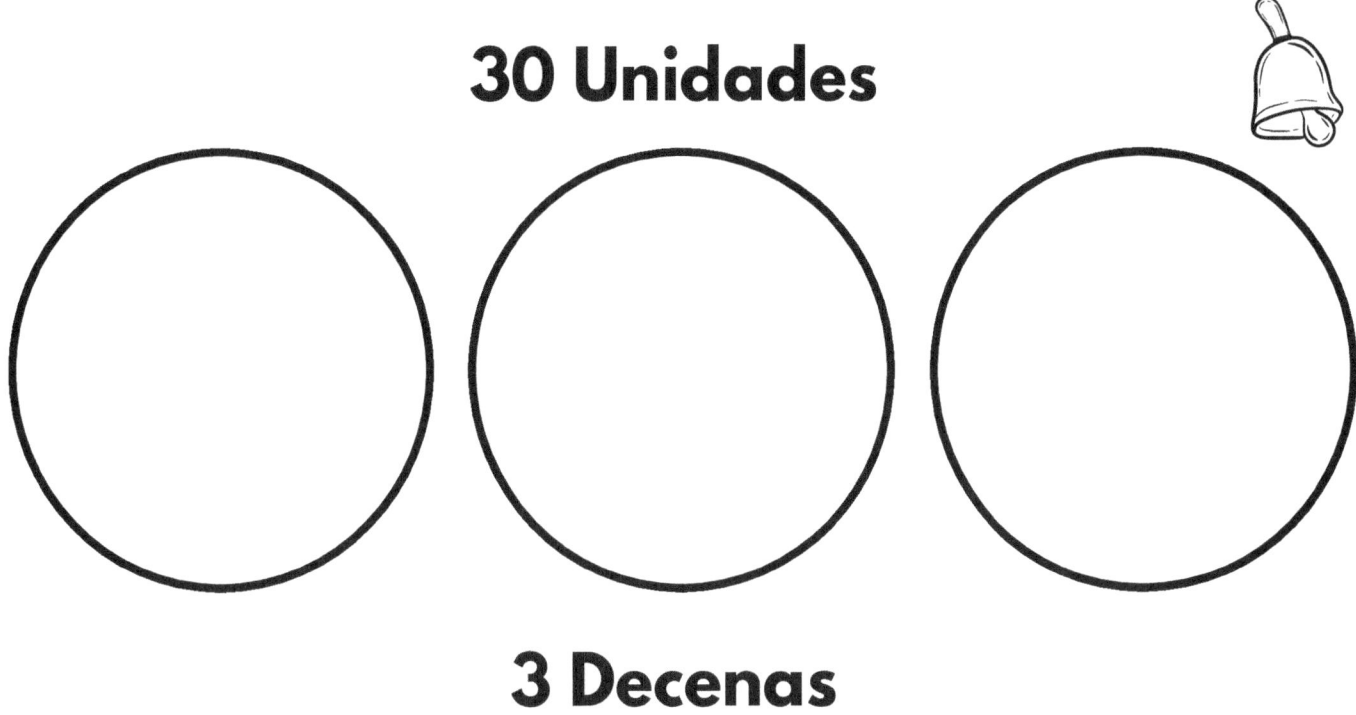

3 Decenas

_____   _____   _____

Ahora dibuja en el rectángulo la cantidad de carritos que se te indica.

22 Unidades de carritos

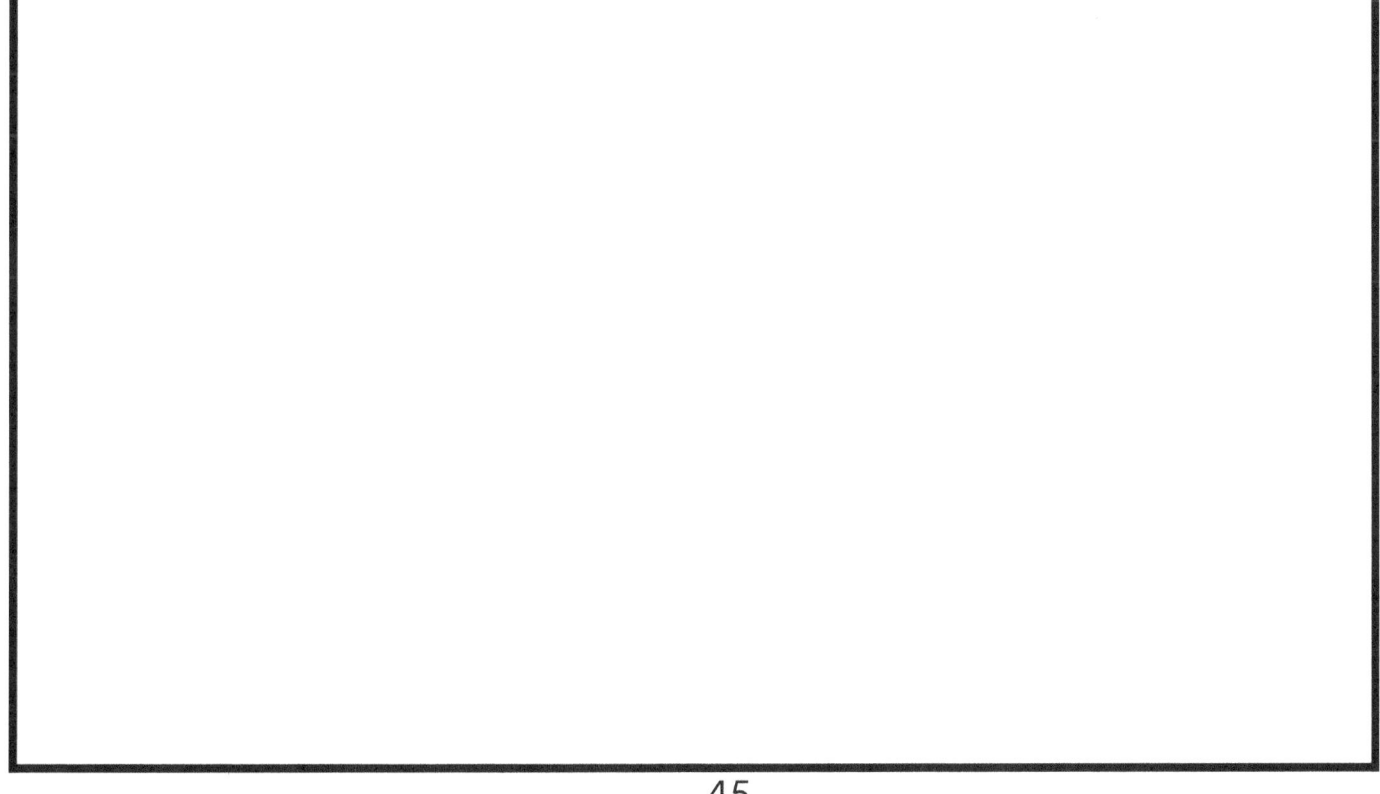

Encierra 3 decenas de estrellas

Encierra 2 decenas de pelotas

Secuencia numérica

Observa y lee la secuencia numérica del 1 al 30.

1, 2, 3, 4, 5, 6, 7, 8, 9, 10

11, 12, 13, 14, 15, 16, 17, 18, 19, 20

21, 22, 23, 24, 25, 26, 27, 28, 29, 30

Ahora completa la serie.

1, __, 3, __, 5, __, 7, __, 9, __

11, 12, __, 14, __, 16, __, 18, __, 20

__, 22, __, 24, __, 26, __, 28, __, 30

Escribe el nombre de los números del 20 al 30

20 veinte	20 _____
21 veintiuno	21 _____
22 veintidós	22 _____
23 veintitrés	23 _____
24 veinticuatro	24 _____
25 veinticinco	25 _____
26 veintiséis	26 _____
27 veintisiete	27 _____
28 veintiocho	28 _____
29 veintinueve	29 _____
30 treinta	30 _____

21 veintiuno
21 21 21 21 21

22 veintidós
22 22 22 22 22

23 veintitrés
23 23 23 23 23

24 veinticuatro
24 24 24 24 24

25 veinticinco
25 25 25 25 25

26 veintiseis
26 26 26 26 26

27 veintisiete

27 27 27 27 27

28 veintiocho

28 28 28 28 28

29 veintinueve

29 29 29 29 29

30 treinta

30 30 30 30

Cuenta hacia atrás

30 29 28 27 26
25 24 23 22 21

Cuenta hacia atrás

30 29 28 27 26
25 24 23 22 21

Mas o menos

Encierra en un círculo la cuadrícula en donde hay más puntos y tacha con una X la cuadrícula en la que hay menos puntos.

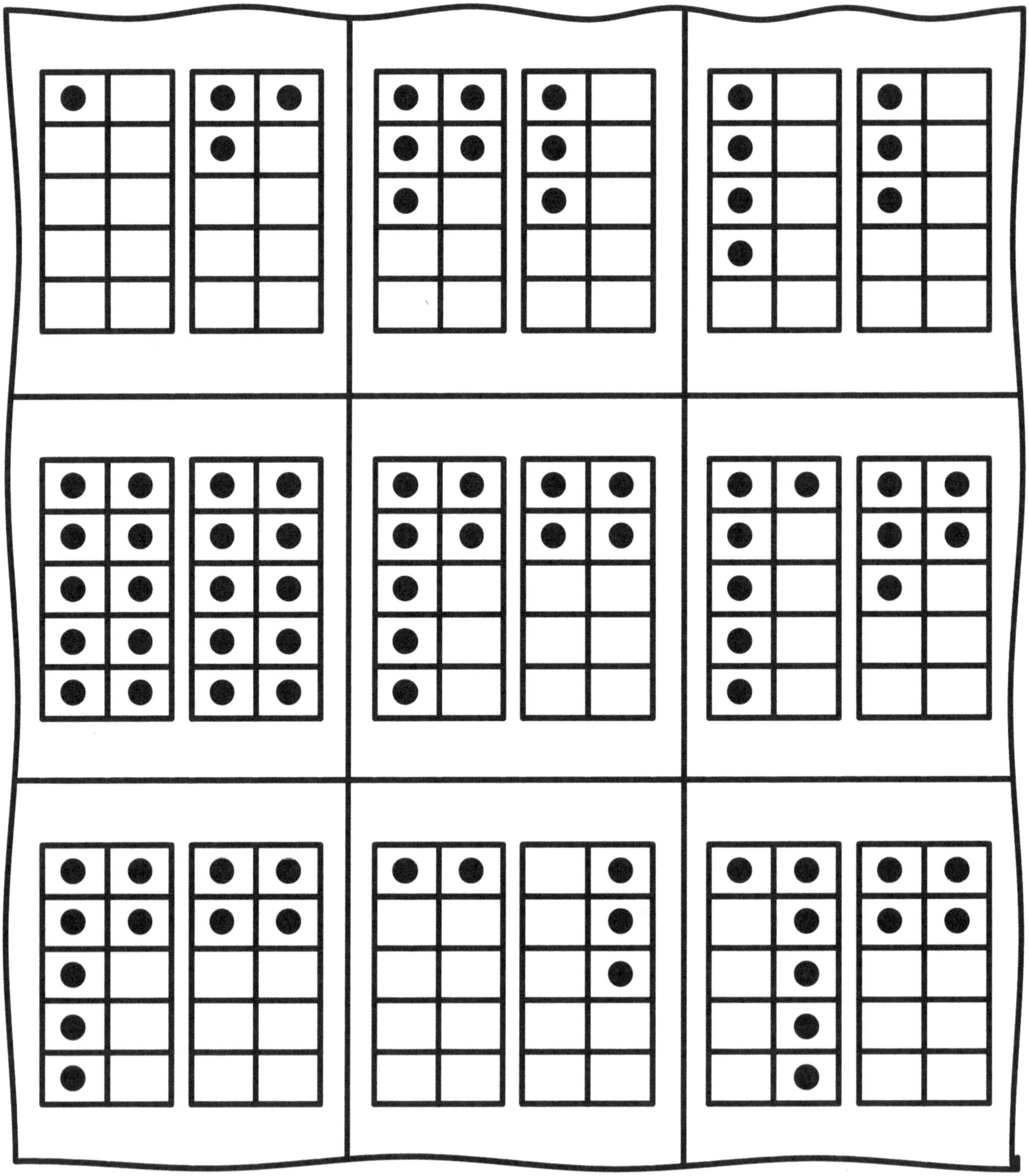

Nombre: _____ Fecha: _____

Resuelve las sumas con ayuda de las rectas numéricas.

3 + 3 = ___	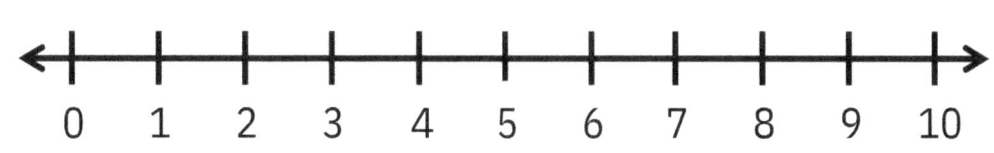
6 + 4 = ___	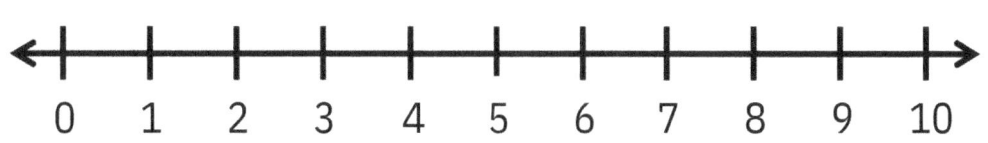
7 + 2 = ___	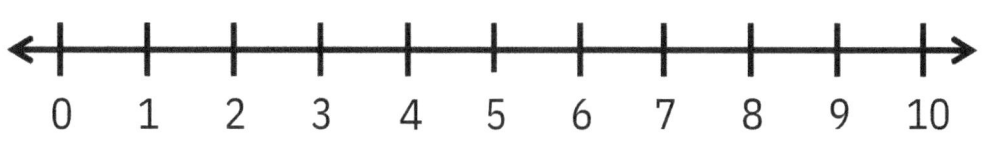
5 + 3 = ___	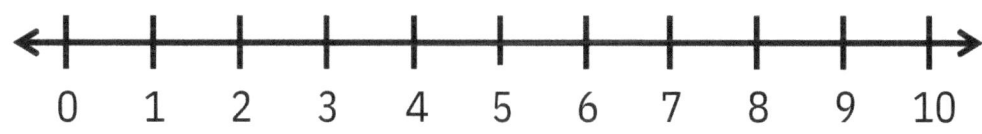
2 + 5 = ___	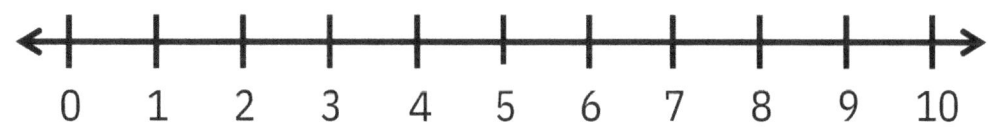
4 + 3 = ___	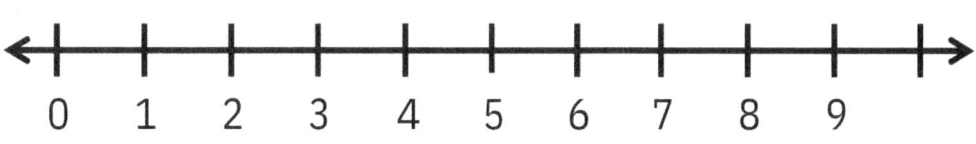

Resuelve las restas

1. 1 − 1 = ___

2. 10 − 10 = ___

3. 2 − 1 = ___

4. 5 − 1 = ___

5. 6 − 0 = ___

6. 9 − 2 = ___

7. 2 − 2 = ___

8. 5 − 4 = ___

9. 5 − 0 = ___

10. 9 − 4 = ___

11. 1 − 0 = ___

12. 3 − 0 = ___

13. 5 − 1 = ___

14. 10 − 0 = ___

15. 4 − 0 = ___

16. 9 − 8 = ___

17. 5 − 0 = ___

18. 2 − 1 = ___

19. 7 − 7 = ___

20. 7 − 4 = ___

Resuelve el acertijo

Encuentra el valor de los caballos, las sandías y los elefantes, encuentra la cantidad faltante y la suma total, anótala en la línea de abajo.

🐴 + 🐴 + 🐴 = 9

🐴🐴 + 🍉 + 🍉 = 10

🐘 − 🍉 = 6

🐴 + 🐘 + 🍉 = ?

? = _____

Restas

Para resolver la resta ilumina los círculos, escribe la respuesta en el recuadro.

28 − 10 =

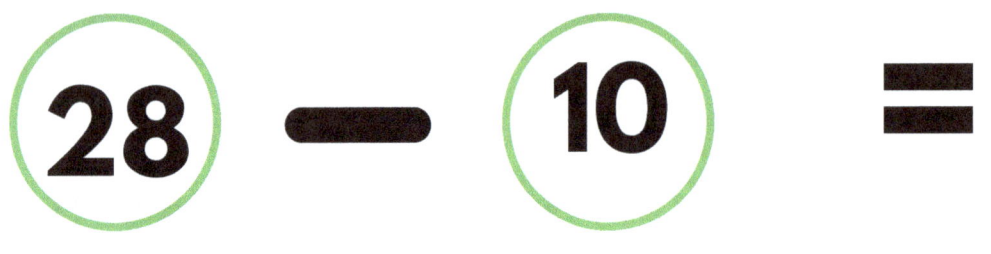

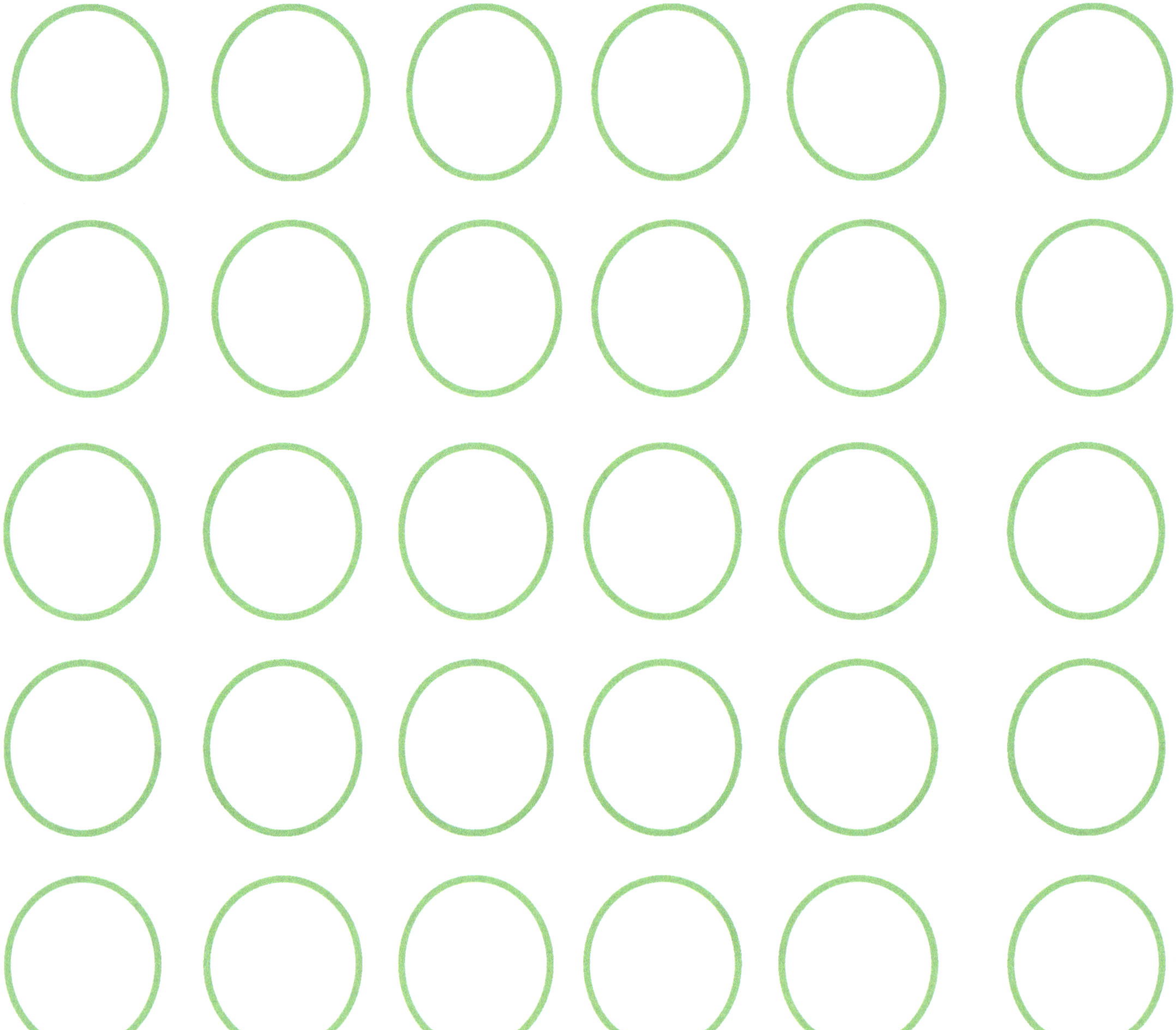

Sumas

Colorea los círculos y resuelve la suma.

14 + 10 =

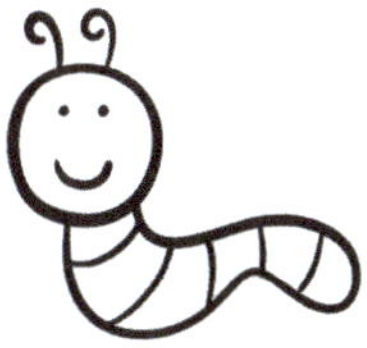

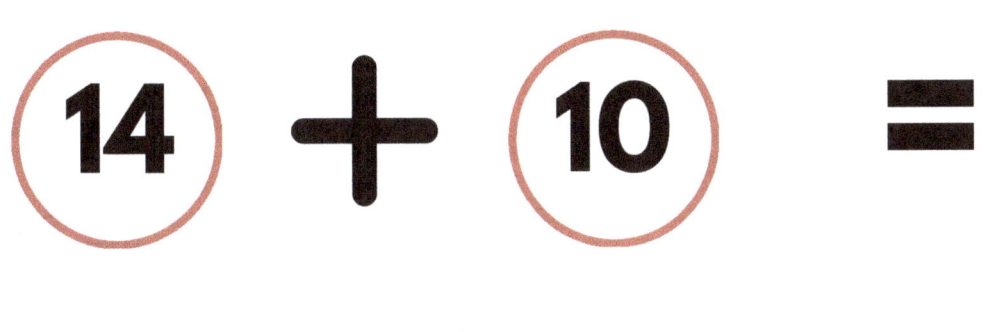

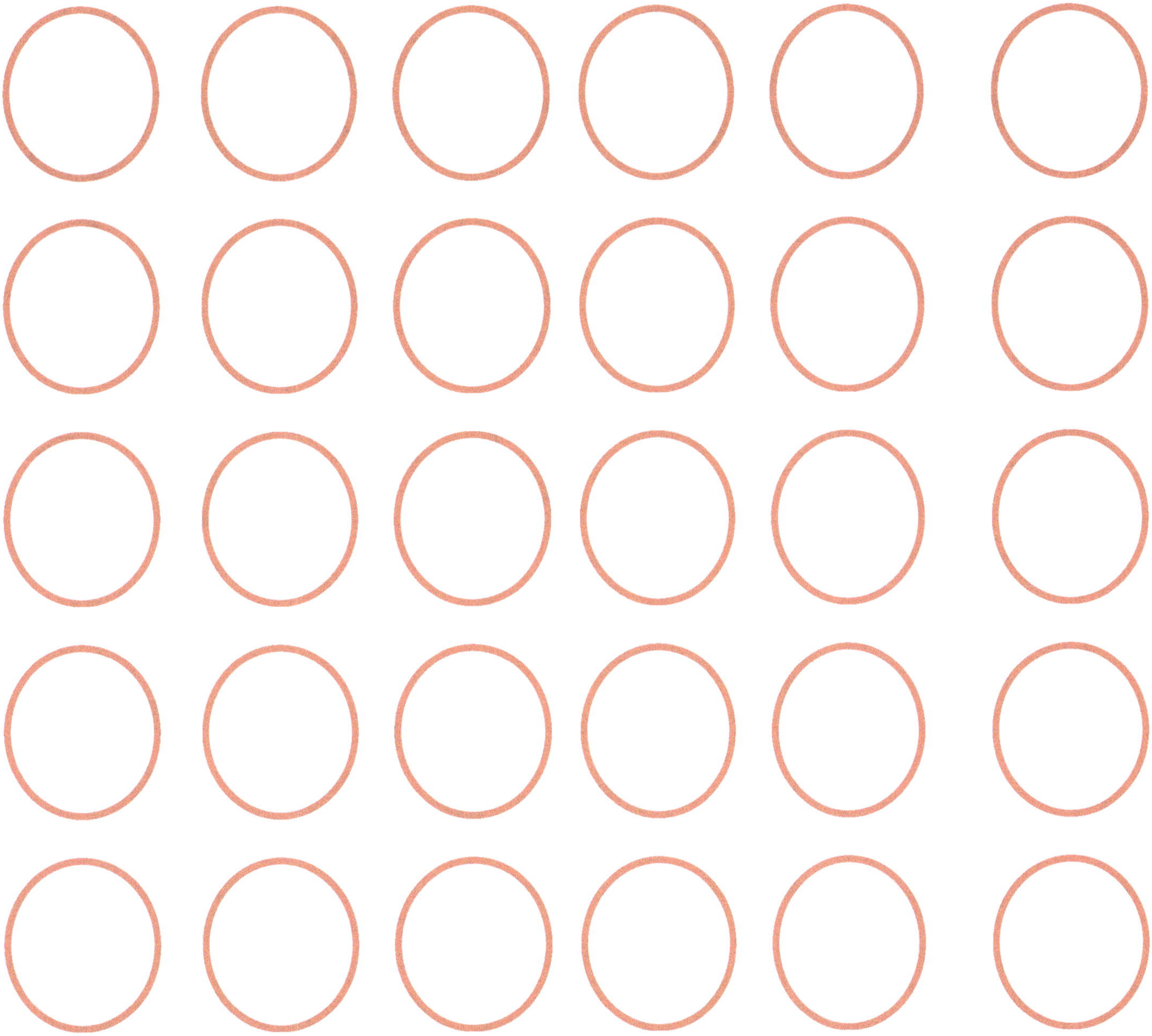

Resuelve el acertijo

Encuentra el valor de los delfines, los gatos y los carros, encuentra la cantidad faltante y la suma total, anótala en la línea de abajo.

🐬 + 🐬 + 🐬 = 6

🐱 + 🐬 + 🐬 = 9

🐱 − 🚙 = 3

🐱 + 🐬 − 🚙 = ?

? = __5__

Problemas Matemáticos

1.- Pedro tenía 20 carritos y se le perdieron 8 ¿Cuántos le quedaron?

Dibújalo

Operación	Resultado:
	————

2.- María quiere comprar una paleta de 10 pesos y un chocolate de 12 pesos ¿Cuánto dinero deberá pagar?

Dibújalo

Operación

Resultado:

Recorta y arma las figuras geométricas uniendo las dos partes correspondientes.

Remarca las figuras geométricas y los trazos por las líneas punteadas.

Nombre _____

Traza el nombre de la figura.

Rectángulo
Rectángulo
Rectángulo

Traza la figura:

Colorea:

Unidad 4

Las fichas azules están encerradas en decenas, cuéntalas y resuelve la suma de abajo.

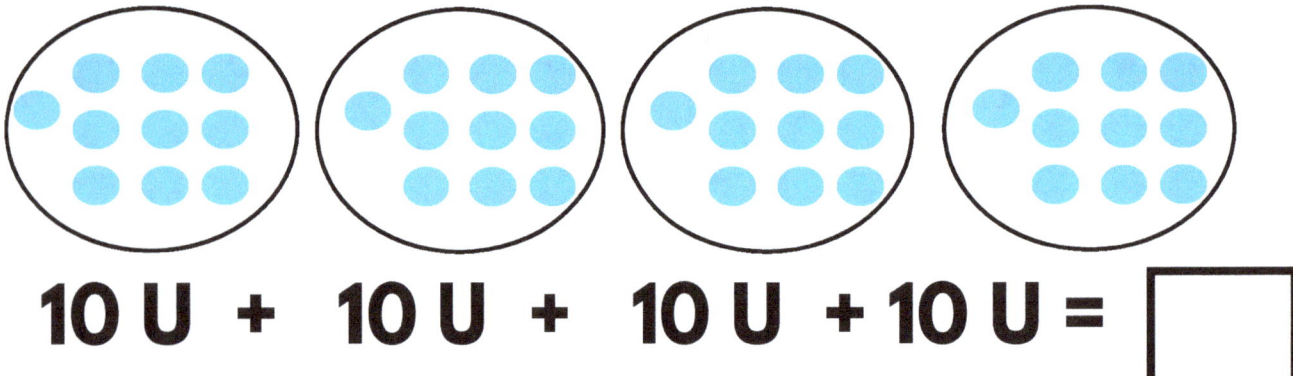

10 U + 10 U + 10 U + 10 U = ☐

Resuelve la suma, recuerda que las fichas rojas representan las decenas y cada decena vale 10.

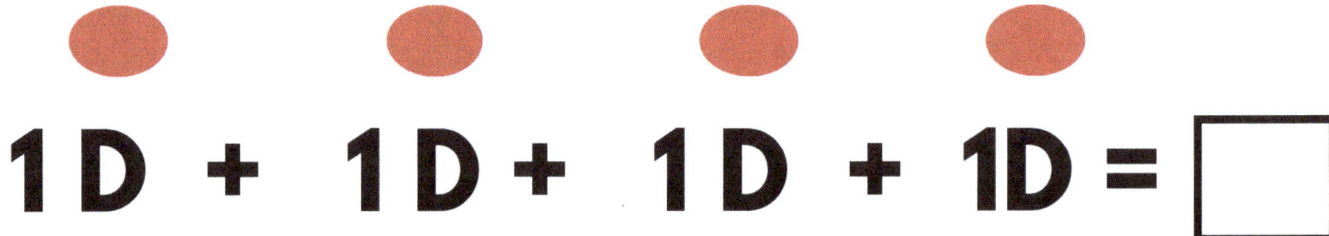

1 D + 1 D + 1 D + 1 D = ☐

Observa la suma y dibuja en los círculos las fichas correspondientes a la cantidad de Unidades que indica. Resuelve la suma escribiendo la respuesta en el recuadro.

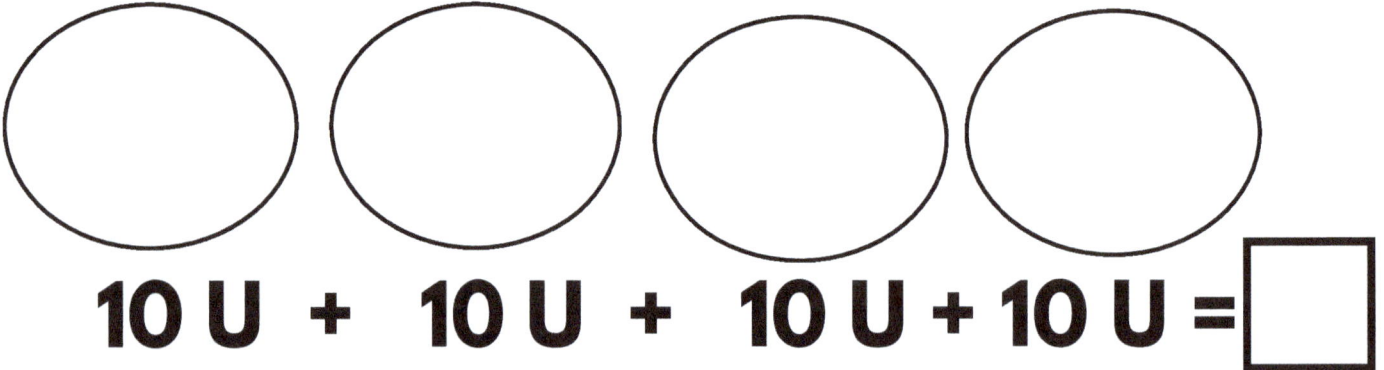

10 U + 10 U + 10 U + 10 U = ☐

Resuelve la suma, recuerda que las fichas rojas representan las decenas y cada decena vale 10.

1 D + 1 D + 1 D + 1 D = ☐

Dibuja las fichas correspondientes a las Unidades y Decenas que se te indican, recuerda que las fichas que representan a las unidades son de color azul y las fichas que representan a las decenas son rojas.

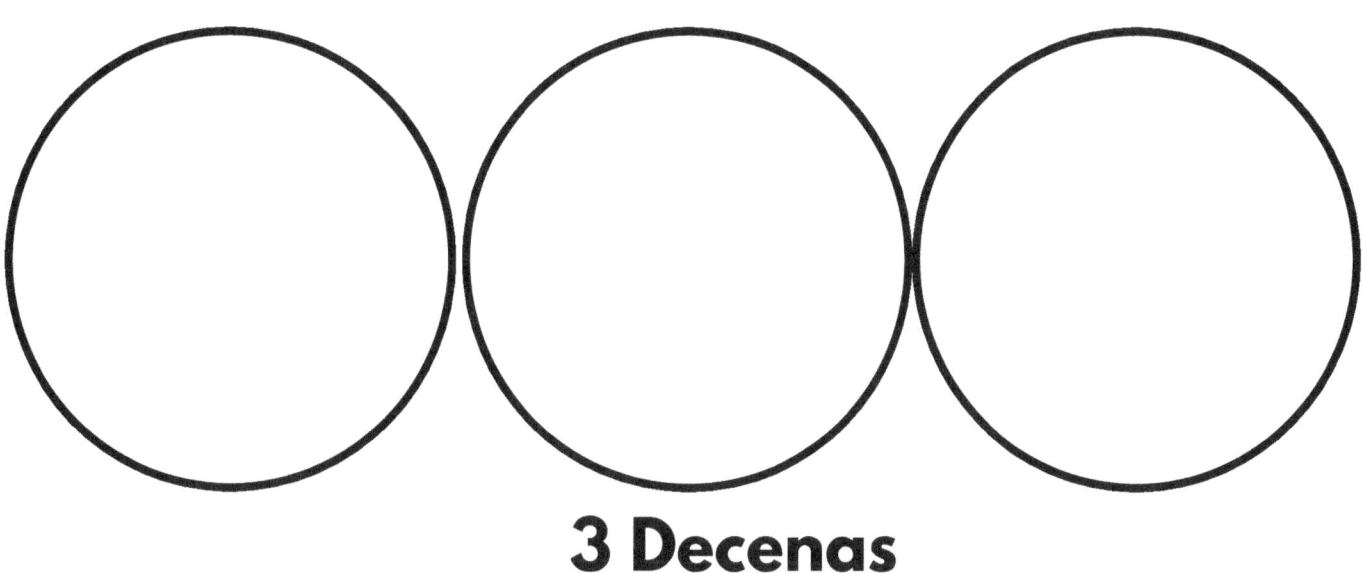

30 Unidades

3 Decenas

Dibuja 3 Decenas usando las fichas rojas.

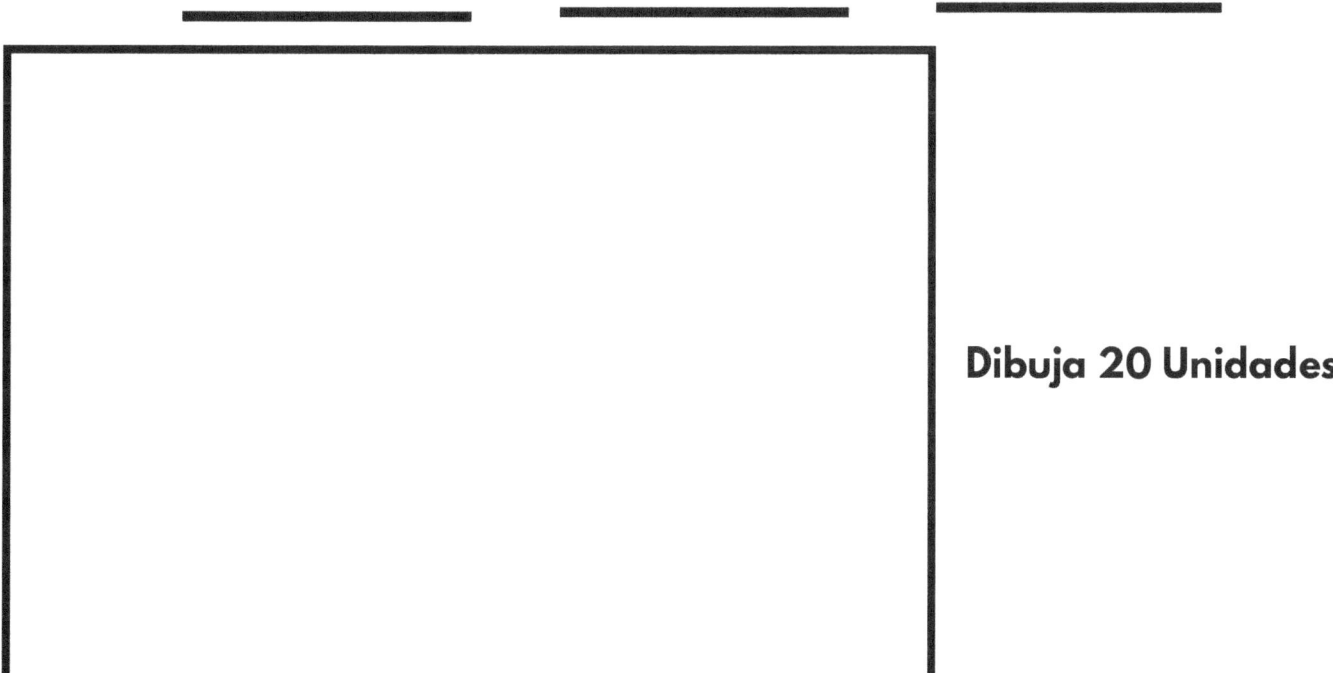

Dibuja 20 Unidades

40 Unidades

Dibuja 40 unidades agrupándolas de 10 en 10

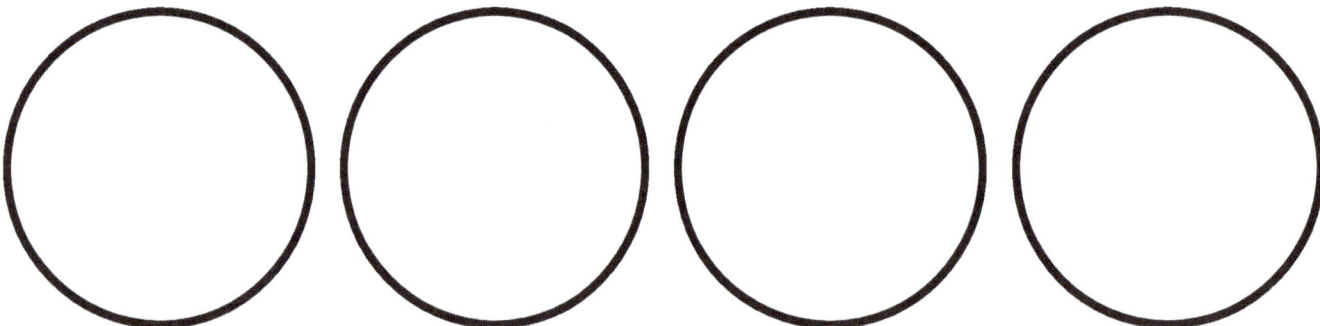

4 Decenas

Dibuja las fichas correspondientes a 4 Decenas.

___   ___   ___   ___

Ahora dibuja en el rectángulo la cantidad de dulces que se te indica.

34 Unidades de dulces.

Encierra 4 decenas de donas

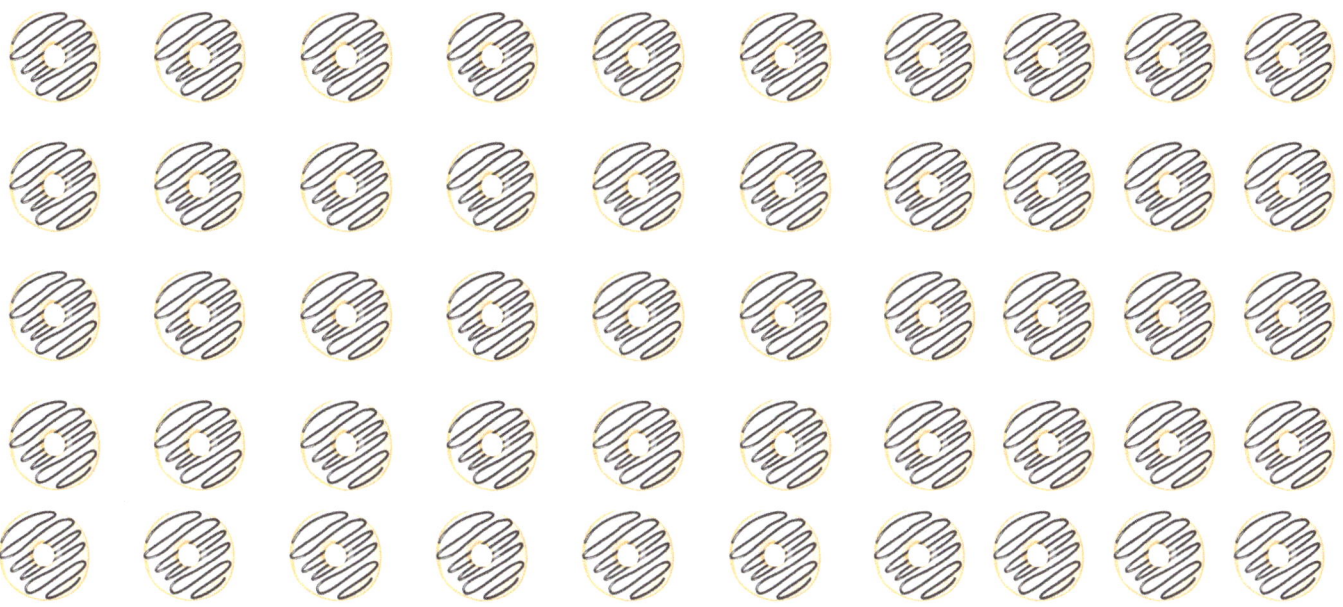

Encierra 3 decenas de paletas

Encierra 1 decena de chocolates

Secuencia numérica

Observa y lee la secuencia numérica del 1 al 40.

1, 2, 3, 4, 5, 6, 7, 8, 9, 10
11, 12, 13, 14, 15, 16, 17, 18, 19, 20
21, 22, 23, 24, 25, 26, 27, 28, 29, 30
31, 32, 33, 34, 35, 36, 37, 38, 39, 40

Escribe el nombre de los números del 30 al 40

30 treinta
31 treinta y uno
32 treinta y dos
33 treinta y tres
34 treinta y cuatro
35 treinta y cinco
36 treinta y seis
37 treinta y siete
38 treinta y ocho
39 treinta y nueve
40 cuarenta

30 _____
31 _____
32 _____
33 _____
34 _____
35 _____
36 _____
37 _____
38 _____
39 _____
40 _____

Nombre.................... Fecha....................

Continúa las series

Completa las series del 1 al 10

| | 1 | | 3 | | 5 | 6 | | 8 | 9 | |

Completa la serie del 11 al 20

| 11 | | | 14 | | 16 | | 18 | 19 | |

Completa la serie del 21 al 30

| | 22 | | | 25 | 26 | | 28 | | 30 |

Completa la serie del 31 al 40

| 31 | 32 | | 34 | | 36 | 37 | | 39 | 40 |

31
treinta y uno

31 31 31 31 31 31

32
treinta y dos

32 32 32 32 32

33
treinta y tres

33 33 33 33 33

34 treinta y cuatro
34 34 34 34 34

35 treinta y cinco
35 35 35 35 35

36 treinta y seis
36 36 36 36 36

37 treinta y siete
37 37 37 37 37

38 treinta y ocho
38 38 38 38 38

39 treinta y nueve
39 39 39 39 39

40

cuarenta

40 40 40 40

Cuenta hacia atrás

40 39 38 37 36
35 34 33 32 31

Cuenta hacia atrás

40 39 38 37 36
35 34 33 32 31

Restas

Para resolver la resta ilumina los círculos, escribe la respuesta en el recuadro.

$35 - 15 = \square$

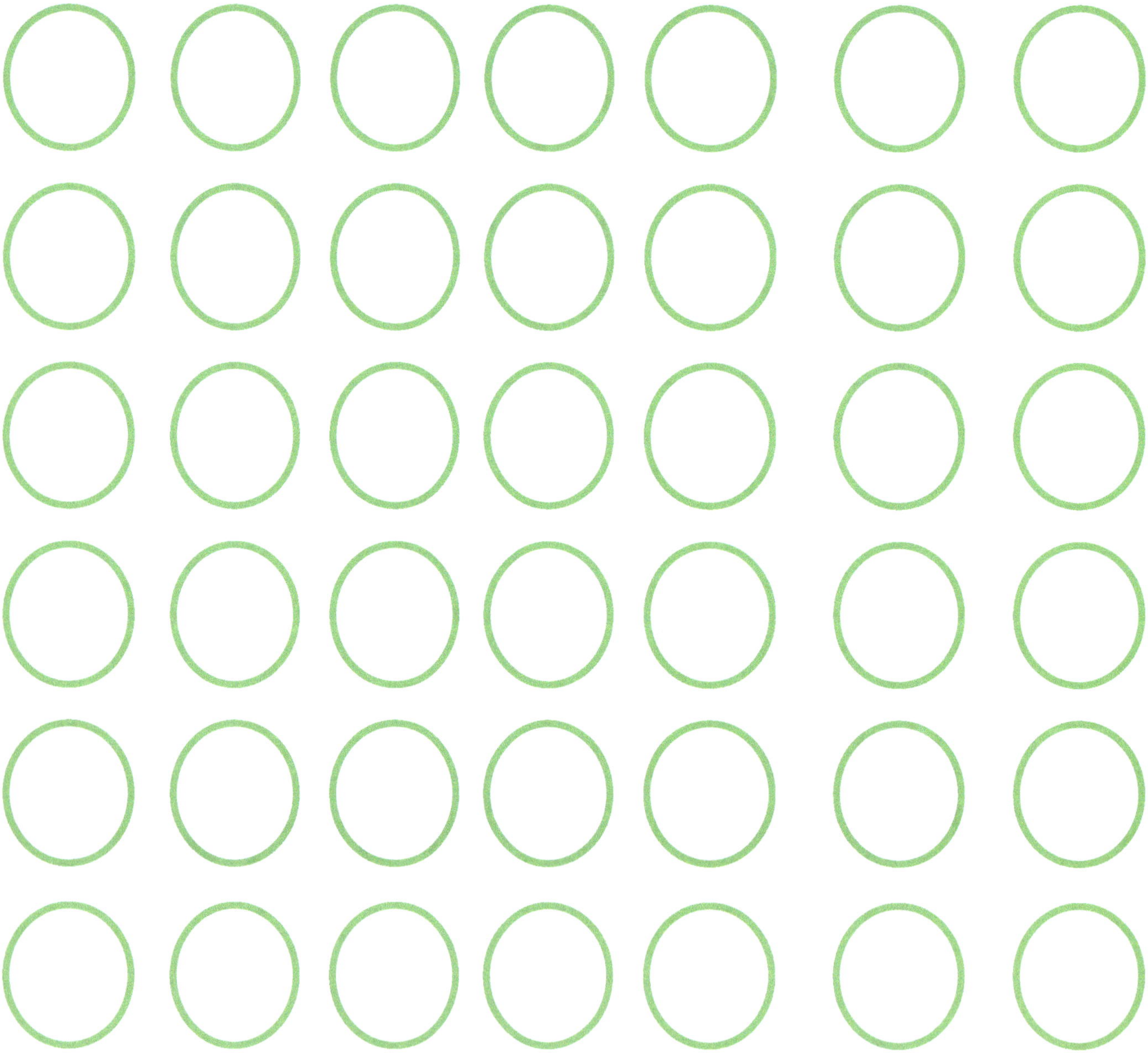

Sumas

Colorea los círculos y resuelve la suma escribe el resultado en el cuadro.

33 + 20 =

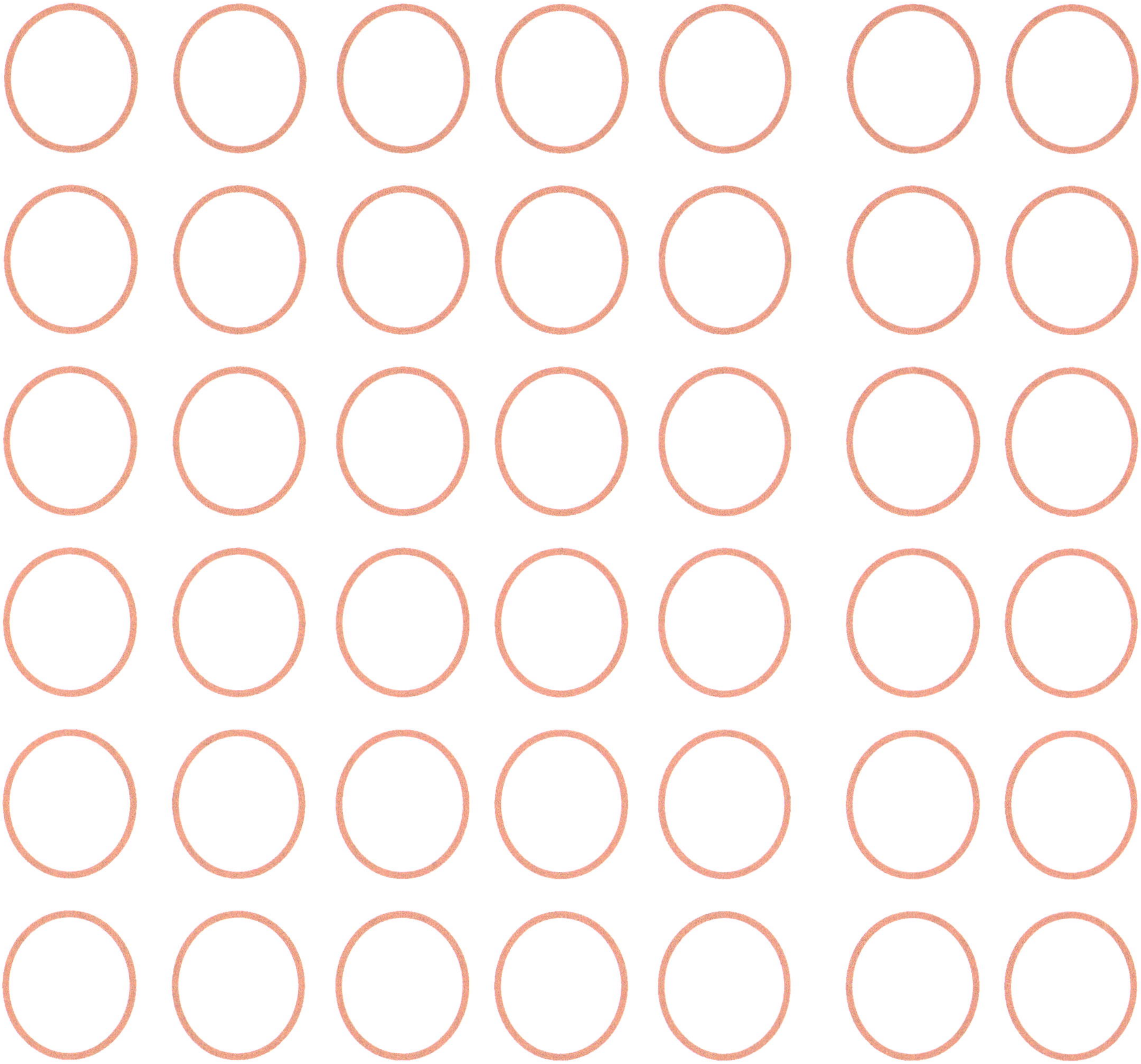

Resuelve las sumas escribiendo los números en las casillas.

☐ + ☐ = ☐

☐ + ☐ = ☐

☐ + ☐ = ☐

☐ + ☐ = ☐

☐ + ☐ = ☐

☐ + ☐ = ☐

Nombre: _____ Fecha: _____

Resuelve las sumas con ayuda de las rectas numéricas.

3 + 6 = ___	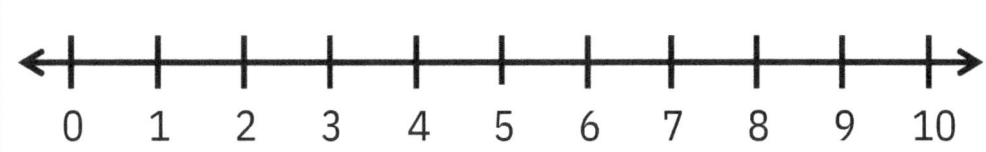
2 + 1 = ___	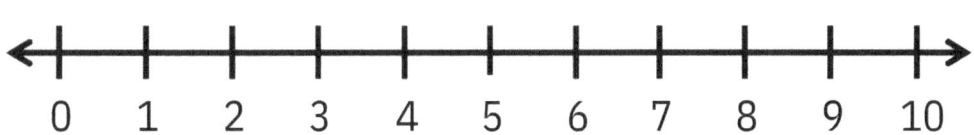
4 + 2 = ___	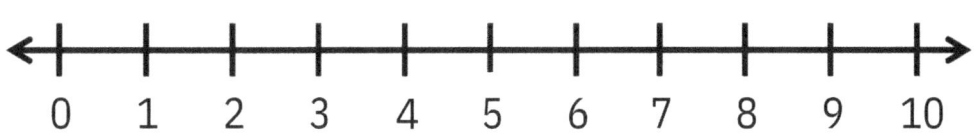
1 + 2 = ___	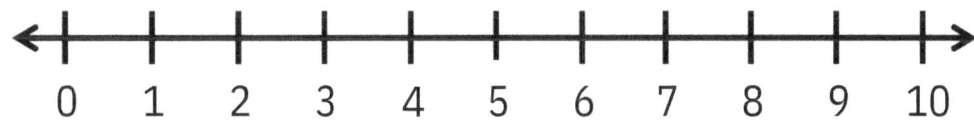
5 + 2 = ___	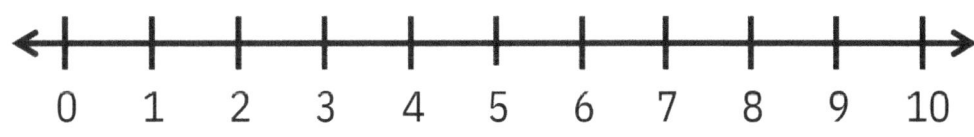
4 + 1 = ___	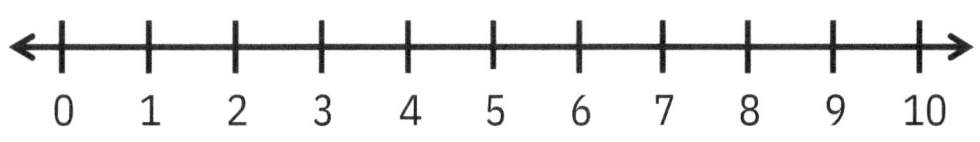

Resuelve las restas

1
```
   4
-  1
------
```

2
```
   1
-  0
------
```

3
```
   5
-  3
------
```

4
```
   1
-  1
------
```

5
```
   4
-  2
------
```

6
```
   9
-  5
------
```

7
```
   2
-  1
------
```

8
```
   6
-  3
------
```

9
```
   6
-  1
------
```

10
```
   2
-  0
------
```

11
```
   7
-  4
------
```

12
```
   1
-  1
------
```

13
```
   2
-  1
------
```

14
```
   1
-  0
------
```

15
```
   9
-  8
------
```

16
```
   5
-  5
------
```

17
```
   2
-  0
------
```

18
```
   1
-  1
------
```

19
```
   6
-  2
------
```

20
```
   5
-  0
------
```

Resuelve las sumas

```
  6        4        9        7        0
+ 3      + 5      + 1      + 1      + 8
___      ___      ___      ___      ___

  9        6        3        7        1
+ 2      + 6      + 4      + 8      + 5
___      ___      ___      ___      ___

  4        5        7        4        2
+ 0      + 3      + 7      + 9      + 6
___      ___      ___      ___      ___

  4        6        6        8        4
+ 7      + 9      + 3      + 9      + 2
___      ___      ___      ___      ___

  3        6        8        7        9
+ 3      + 4      + 6      + 3      + 9
___      ___      ___      ___      ___
```

1.- Sofía tenía 15 pesos y su papá le regaló 15 ¿Cuánto dinero juntó?

Dibújalo

Operación

Resultado:

2.- Daniel tenía 39 pesos y compró un carrito de 14 pesos ¿Cuánto dinero le quedó?

Dibújalo

Operación

Resultado:

_____

Cuenta el dinero

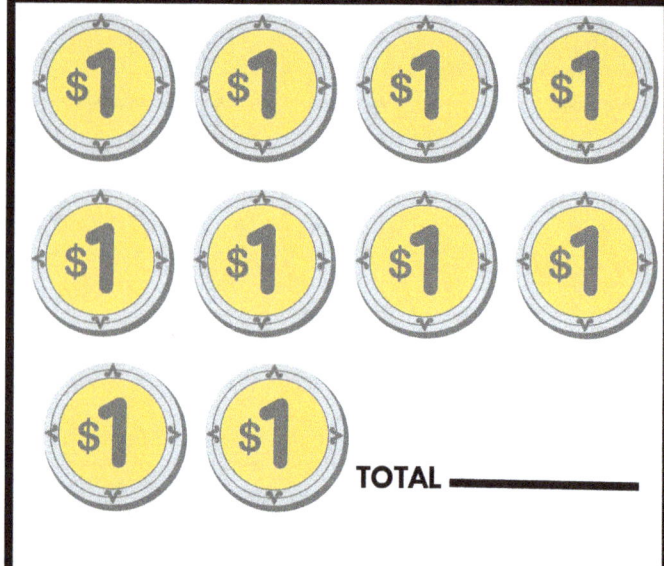

TOTAL _____

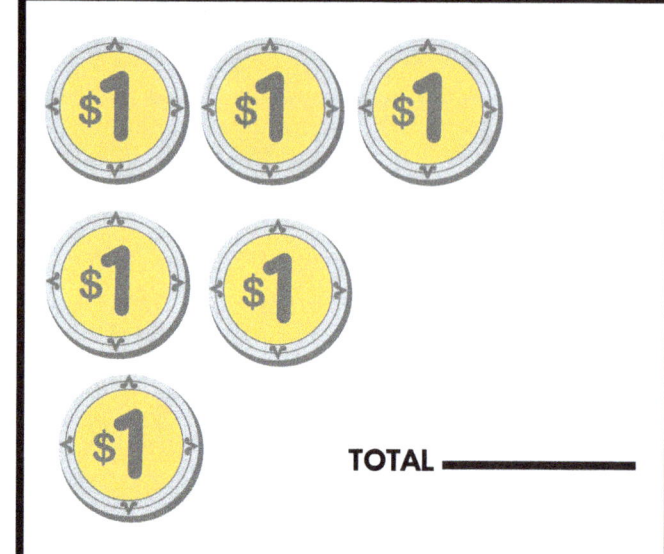

TOTAL _____

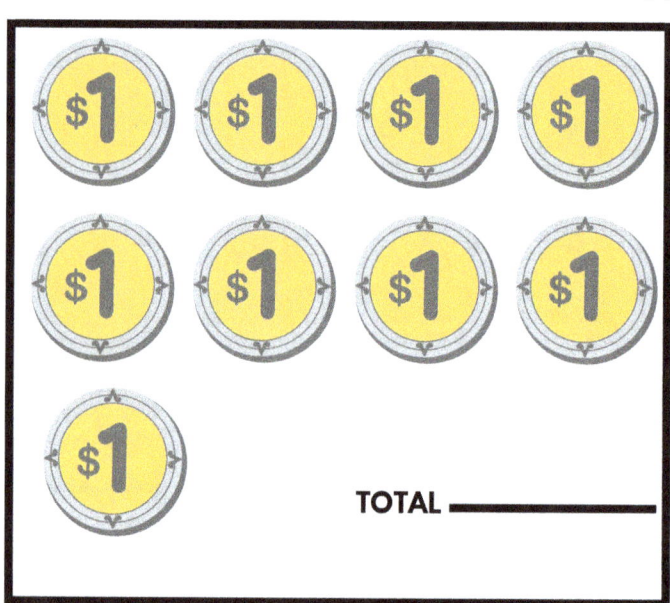

TOTAL _____

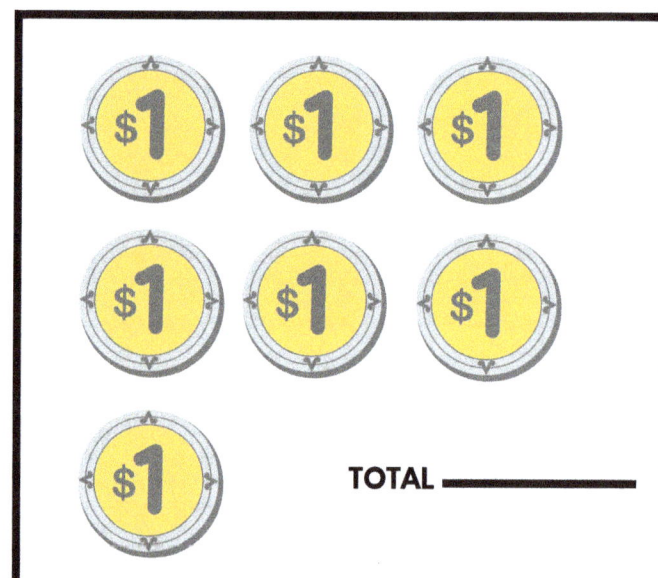

TOTAL _____

TOTAL _____

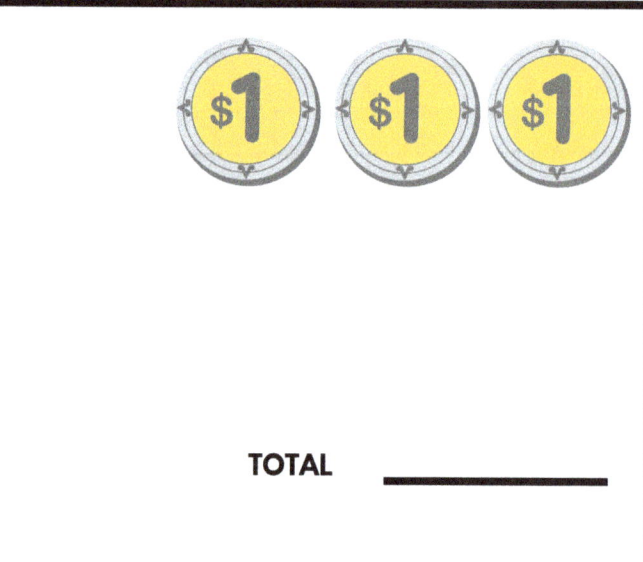

TOTAL _____

Igual a

Cuenta las monedas de un peso y únelas con las monedas correspondientes en monedas de 2 pesos.

 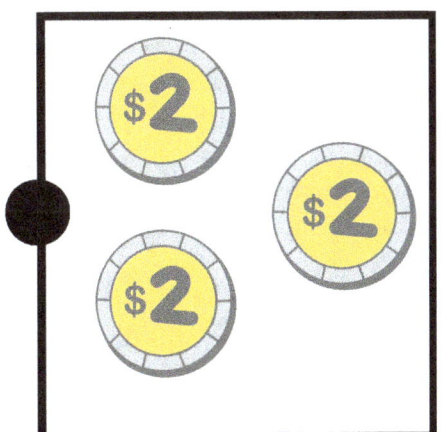

Igual a

Cuenta las monedas de un peso y únelas con las monedas correspondientes en monedas de 2 pesos.

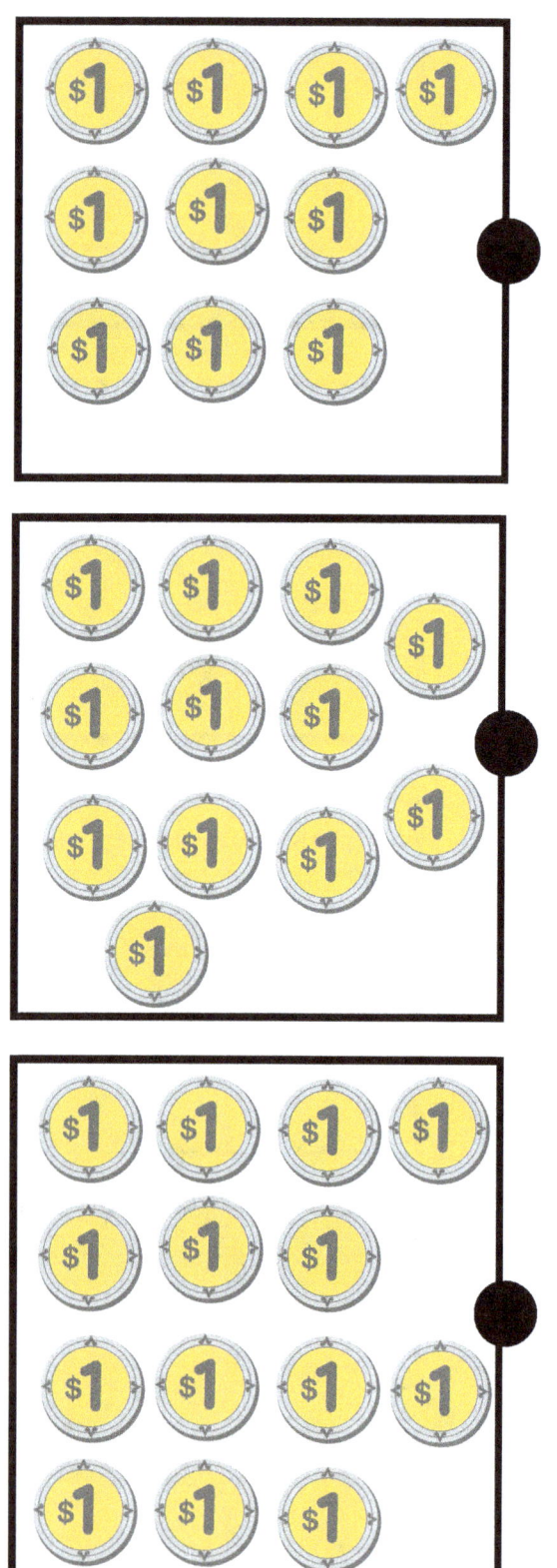
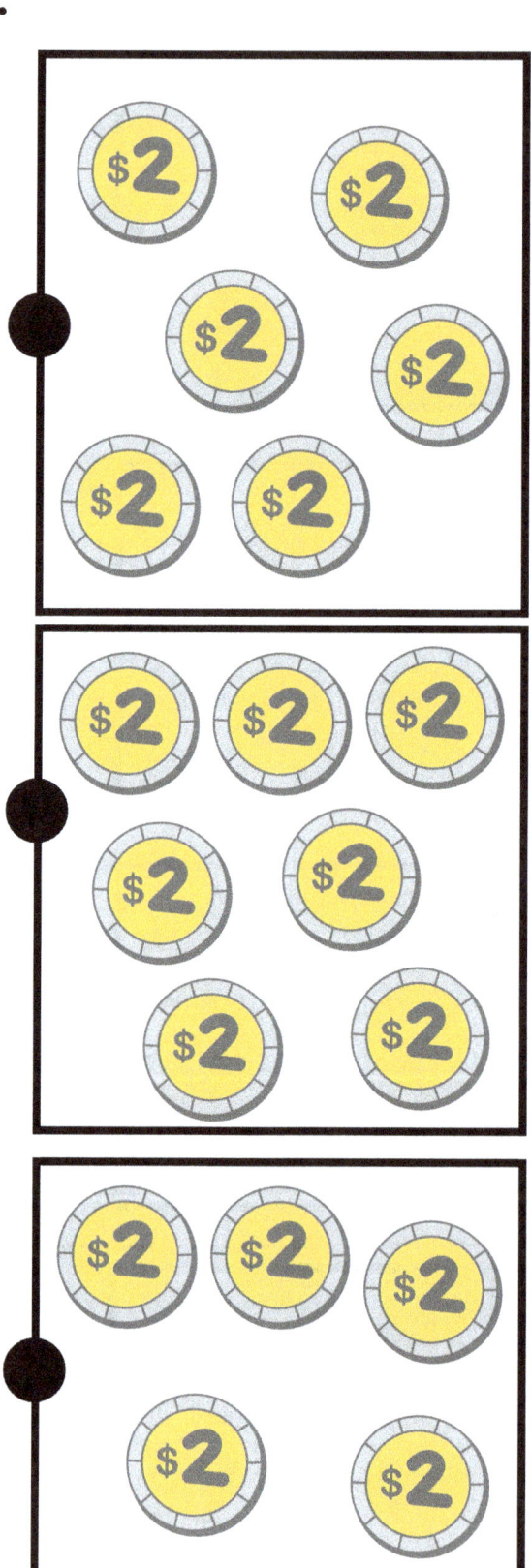

Resuelve los acertijos

Encuentra el valor de los osos, las fresas y las peras, encuentra la cantidad faltante y la suma total, anótala en la línea de abajo.

🐼 + 🐼 + 🐼 = 15

🐼 + 🍓 + 🍓 = 13

🍐 − 🍓 = 6

🐼 + 🍐 + 🍓 = ?

? = _____

¿Cuál figura sigue?

Completa las secuencias con la figura que sigue.

¿Cuántas figuras geométricas hay?

Cuenta las figuras geométricas que se indican abajo y escribe las cantidades en los recuadros.

Nombre.................... Clases:.................... Fecha ....

Traza y colorea los hexágonos con color.

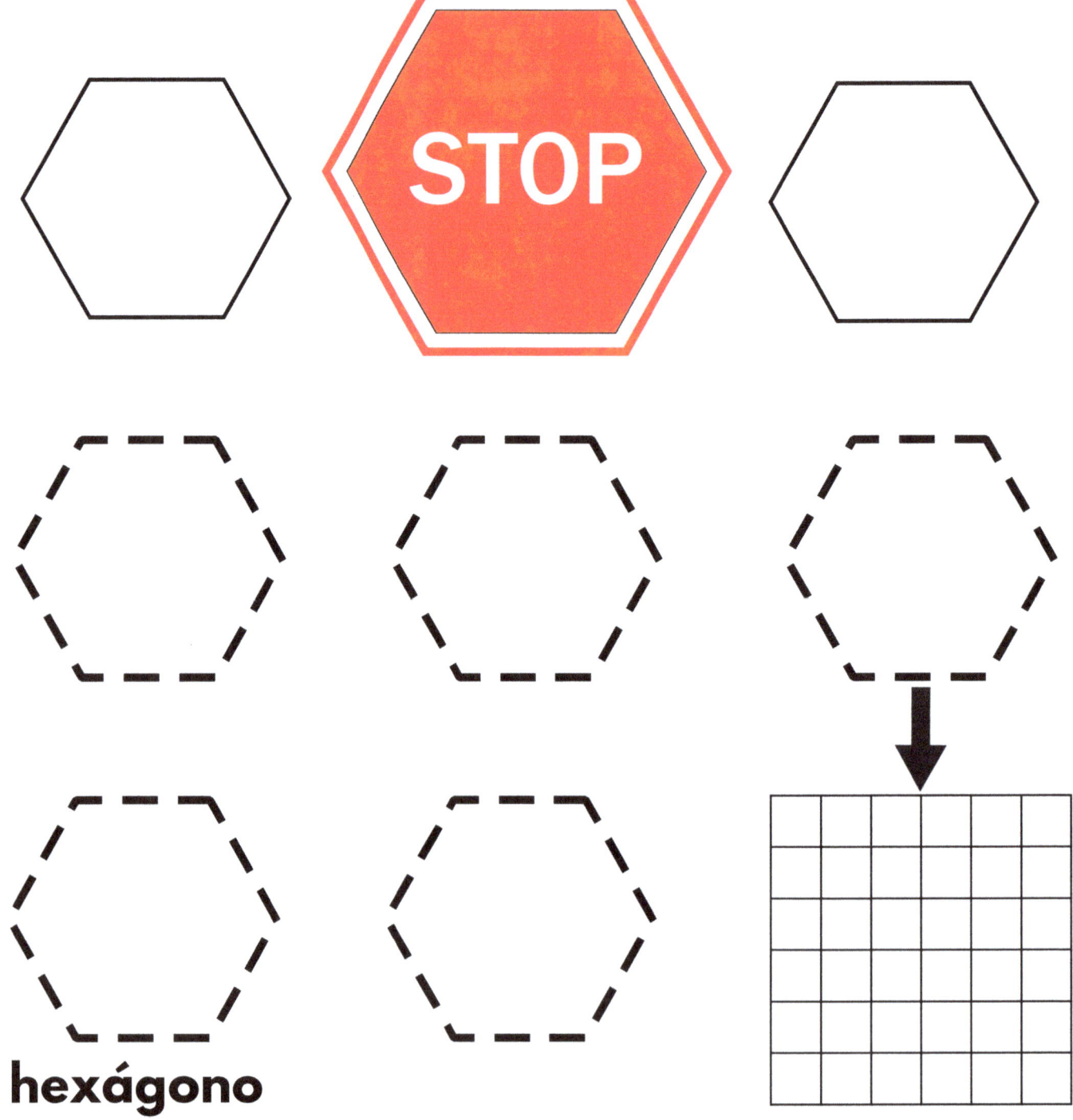

hexágono

Unidad 5

Las fichas azules están encerradas en decenas, cuéntalas y resuelve la suma de abajo.

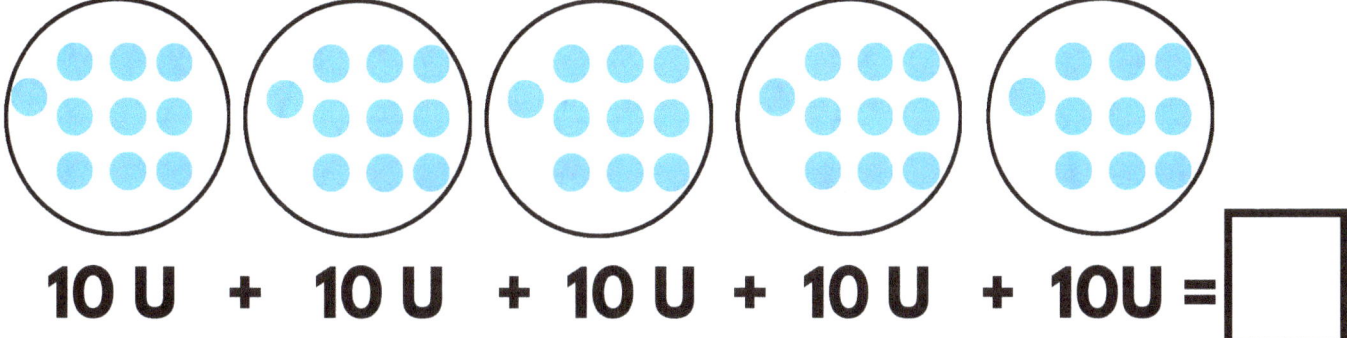

10 U + 10 U + 10 U + 10 U + 10U = ☐

Resuelve la suma, recuerda que las fichas rojas representan las decenas y cada decena vale 10.

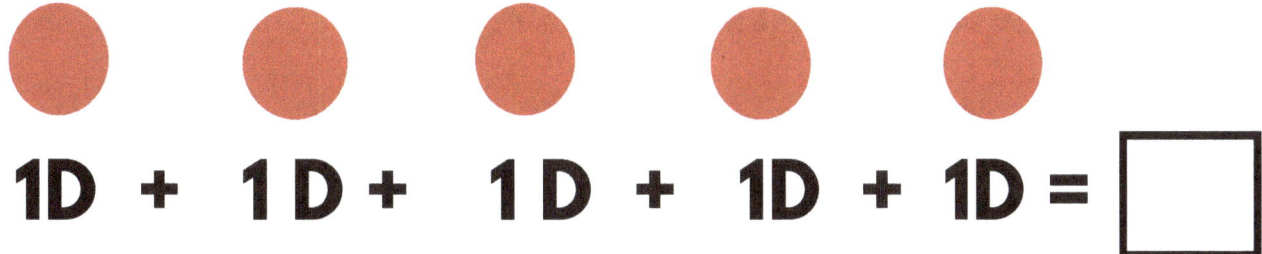

1D + 1D + 1D + 1D + 1D = ☐

Observa la suma y dibuja en los círculos las fichas correspondientes a la cantidad de Unidades que indica. Resuelve la suma escribiendo la respuesta en el recuadro.

○ ○ ○ ○ ○

10U + 10U + 10U + 10U + 10U = ☐

Resuelve la suma, recuerda que las fichas rojas representan las decenas y cada decena vale 10.

1D + 1D + 1D + 1D + 1D = ☐

50 Unidades

Dibuja 50 Unidades agrupándolas de 10 en 10

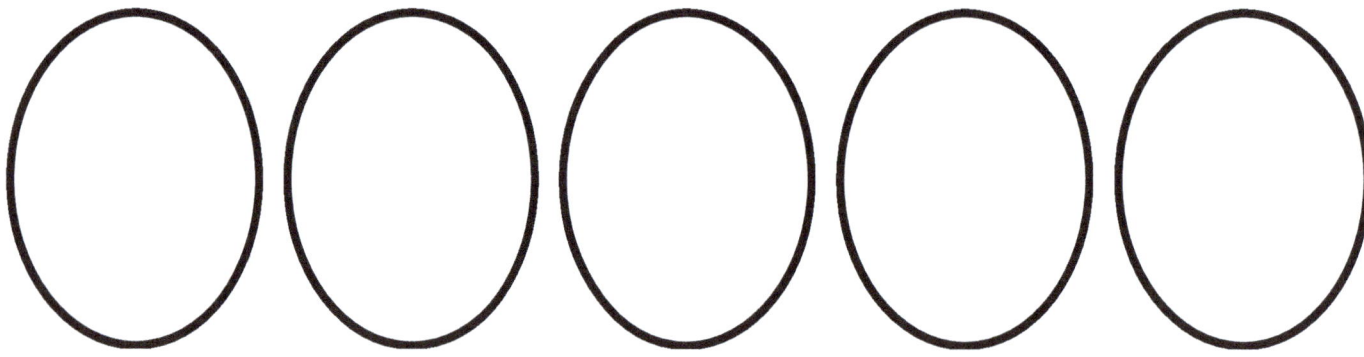

5 Decenas

Dibuja las fichas correspondientes a 5 Decenas.

___ ___ ___ ___ ___

Ahora dibuja en el rectángulo la cantidad de dulces que se te indica.

42 Unidades de dulces.

Encierra 5 decenas de peces

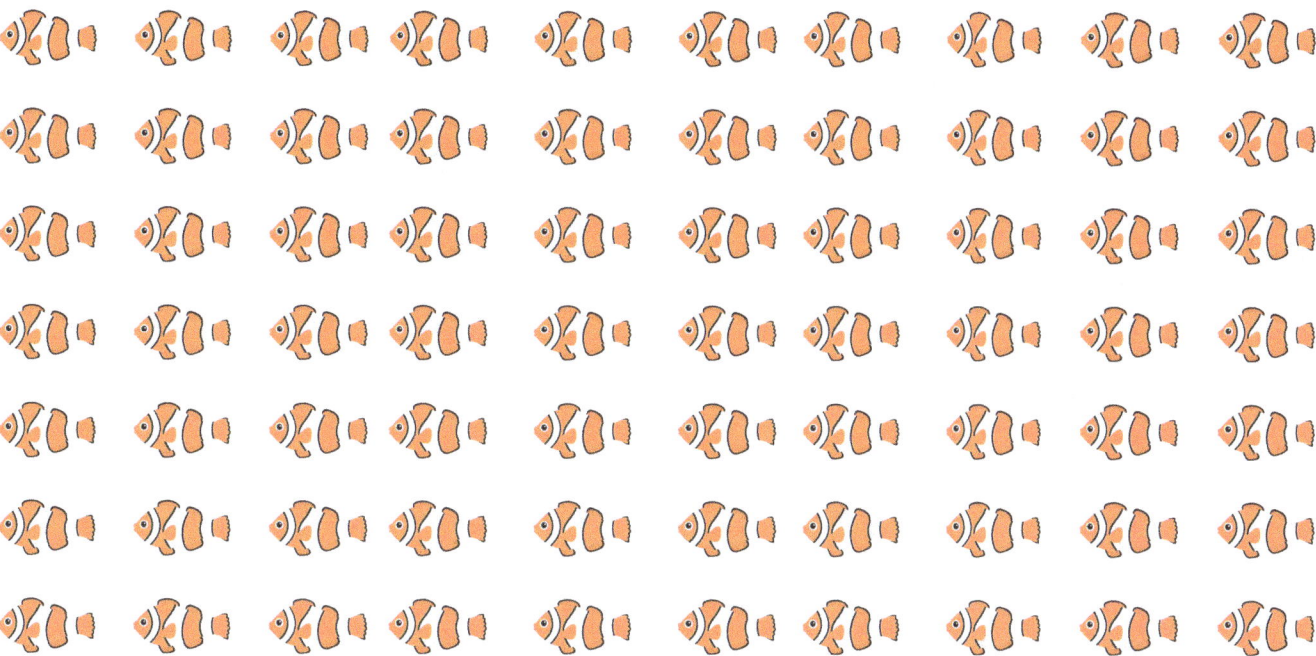

Encierra 4 decenas de tortugas

Encierra 2 decenas de tiburones

Secuencia numérica

Observa y lee la secuencia numérica del 1 al 50.

1, 2, 3, 4, 5, 6, 7, 8, 9, 10
11, 12, 13, 14, 15, 16, 17, 18, 19, 20
21, 22, 23, 24, 25, 26, 27, 28, 29, 30
31, 32, 33, 34, 35, 36, 37, 38, 39, 40
41, 42, 43, 44, 45, 46, 47, 48, 49, 50

Escribe el nombre de los números del 40 al 50

40 cuarenta	40 _____
41 cuarenta y uno	41 _____
42 cuarenta y dos	42 _____
43 cuarenta y tres	43 _____
44 cuarenta y cuatro	44 _____
45 cuarenta y cinco	45 _____
46 cuarenta y seis	46 _____
47 cuarenta y siete	47 _____
48 cuarenta y ocho	48 _____
49 cuarenta y nueve	49 _____
50 cincuenta	50 _____

41 cuarenta y uno

41 41 41 41 41

42 cuarenta y dos

42 42 42 42 42

43 cuarenta y tres

43 43 43 43 43

44 cuarenta y cuatro

45 cuarenta y cinco

46 cuarenta y seis

47 — cuarenta y siete
47 47 47 47 47

48 — cuarenta y ocho
48 48 48 48 48

49 — cuarenta y nueve
49 49 49 49 49

50 cincuenta

50 50 50 50

Cuenta hacia atrás

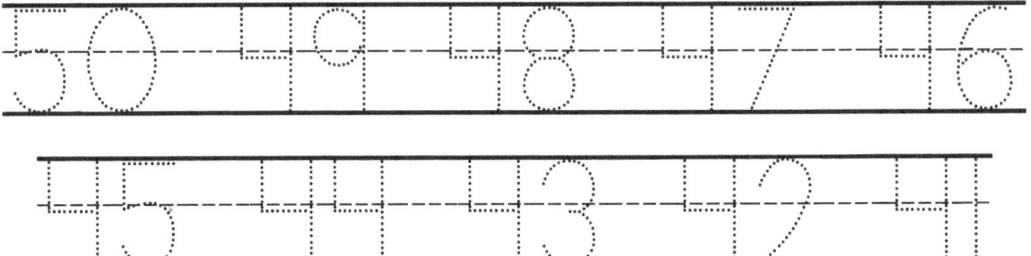

50 49 48 47 46
45 44 43 42 41

Cuenta hacia atrás

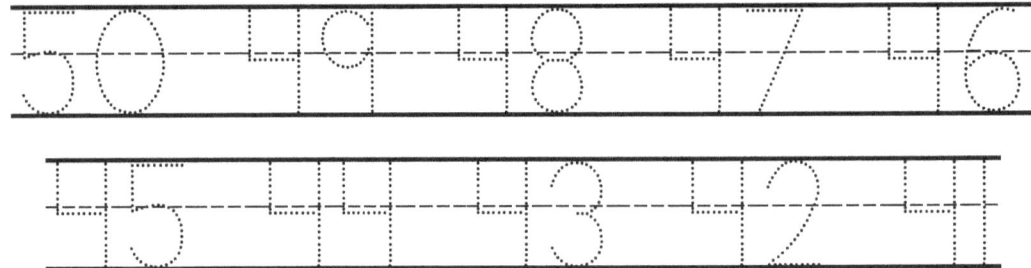

50 49 48 47 46
45 44 43 42 41

Nombre: _____   Fecha: _____

Resuelve las sumas con ayuda de las rectas numéricas.

6 + 2 = ___	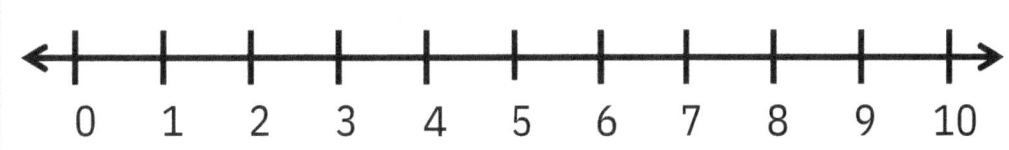
1 + 4 = ___	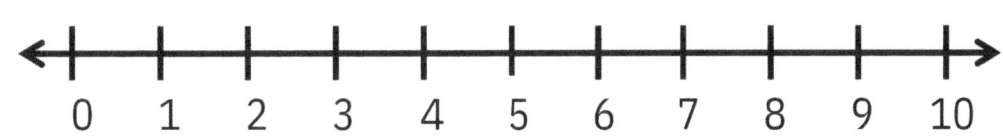
7 + 2 = ___	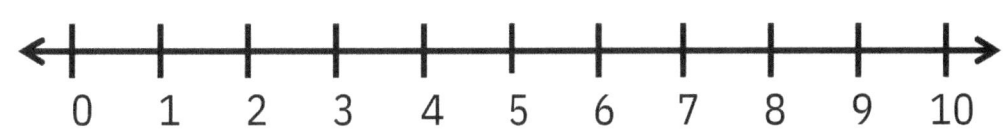
6 + 1 = ___	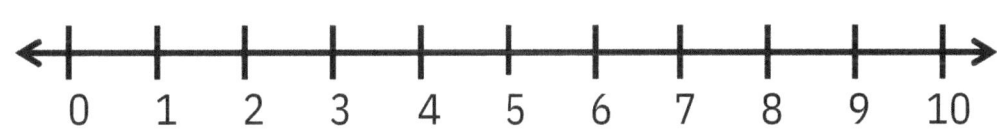
4 + 3 = ___	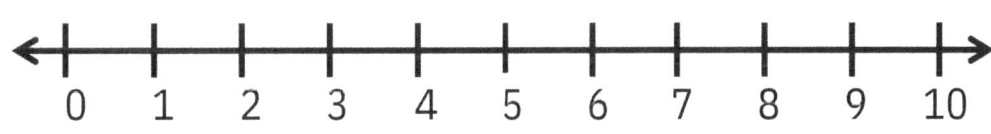
1 + 6 = ___	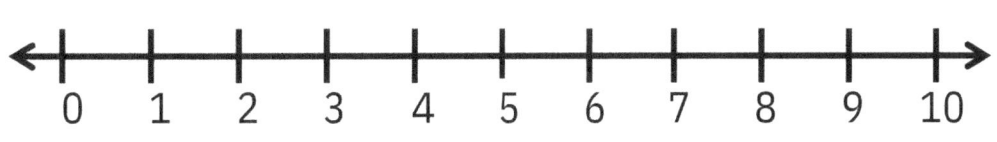

Restas

Para resolver la resta ilumina los círculos, escribe la respuesta en el recuadro.

45 − 20 = ▢

Sumas

Colorea los círculos y resuelve la suma escribe el resultado en el cuadro.

25 + 20 =

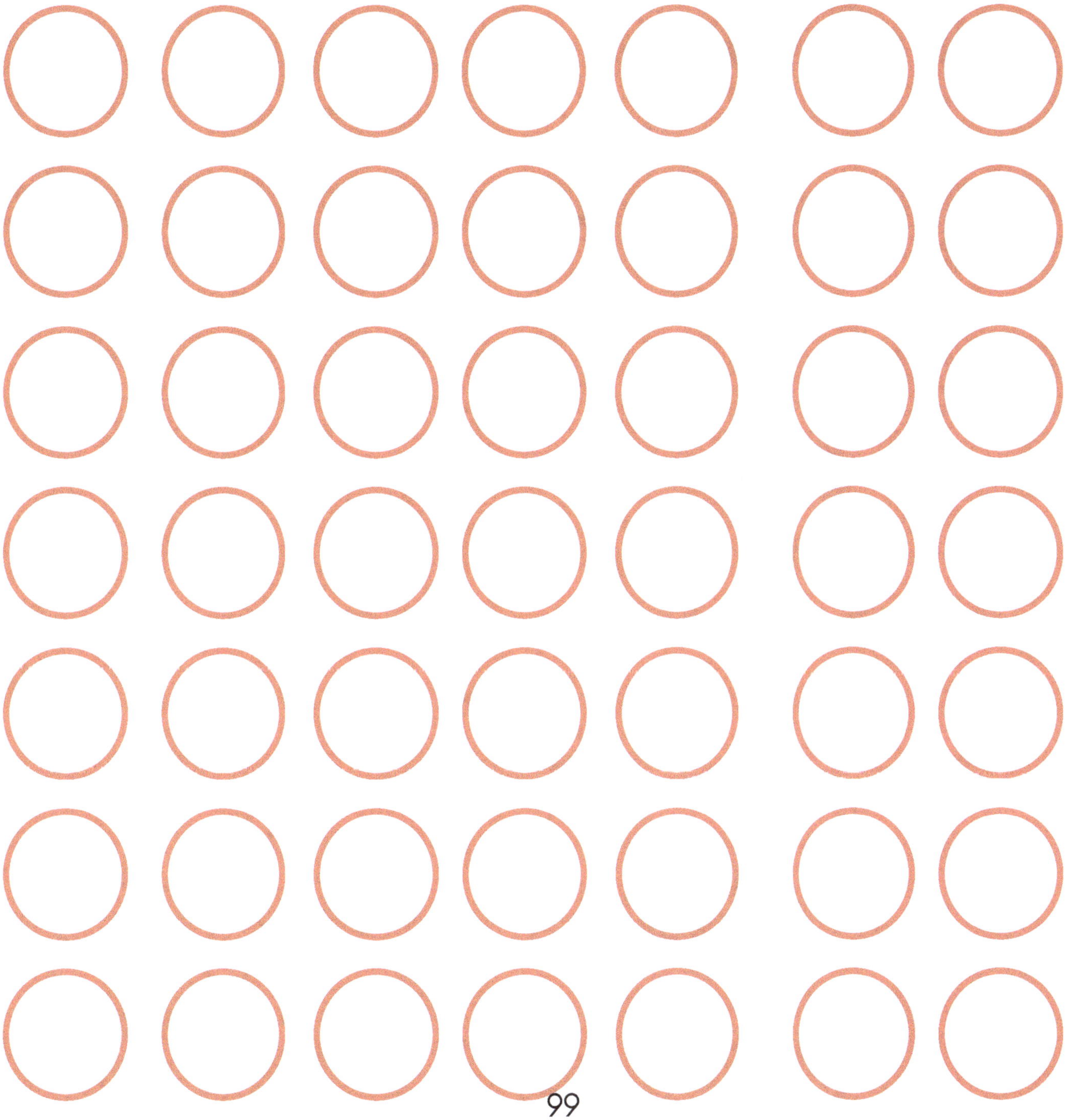

SUMA PASO A PASO

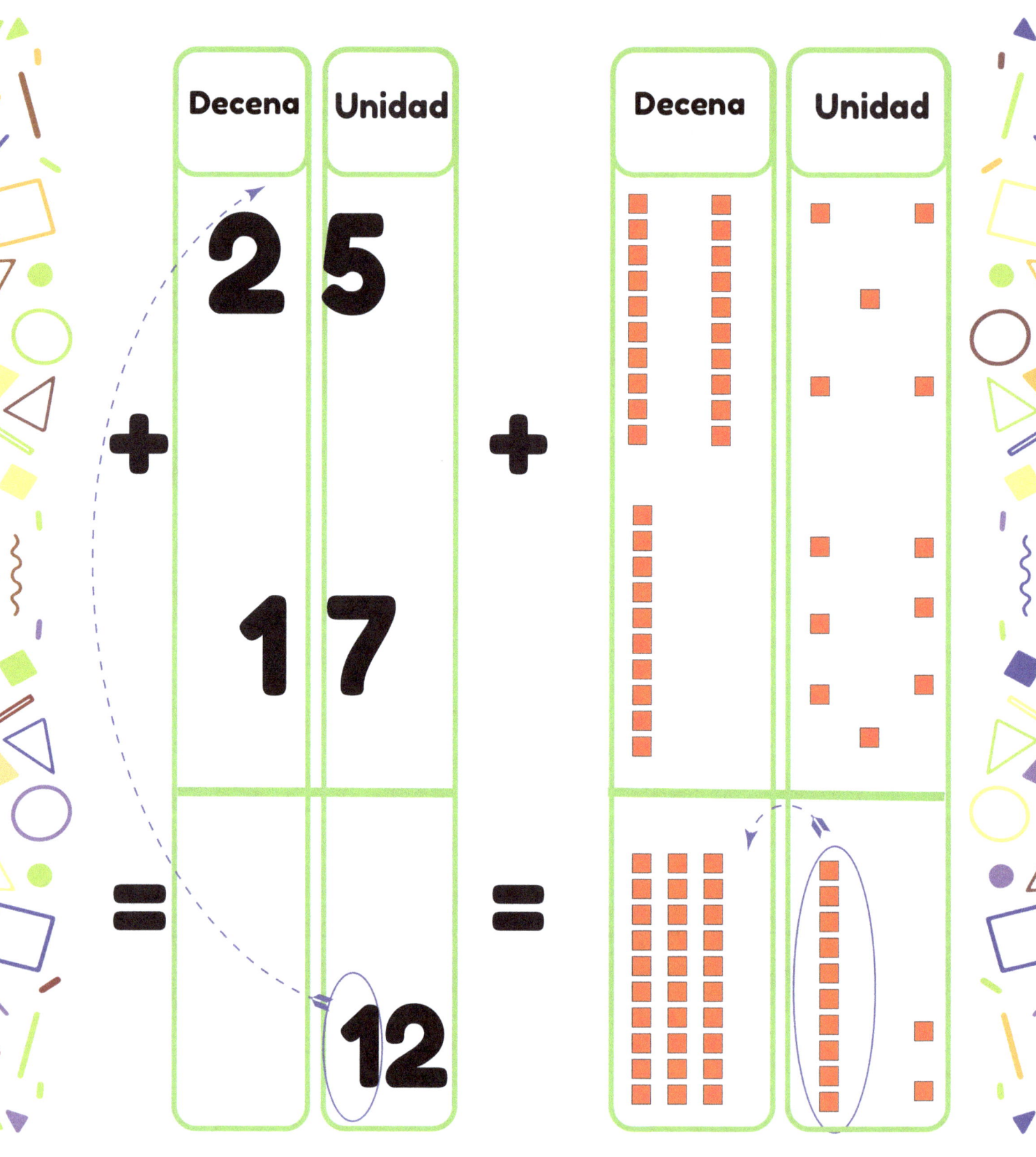

SUMA PASO A PASO

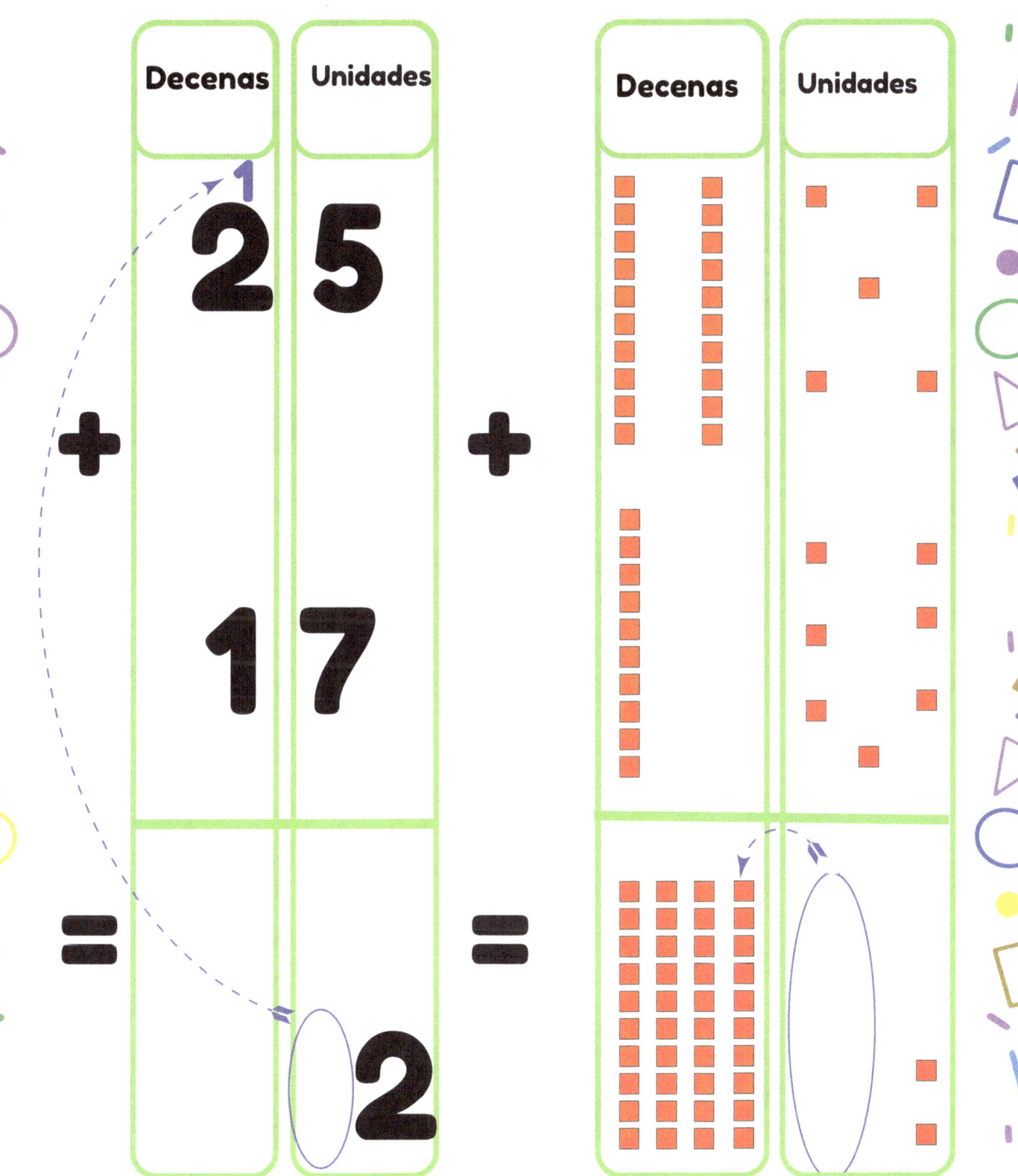

SUMAR PASO A PASO

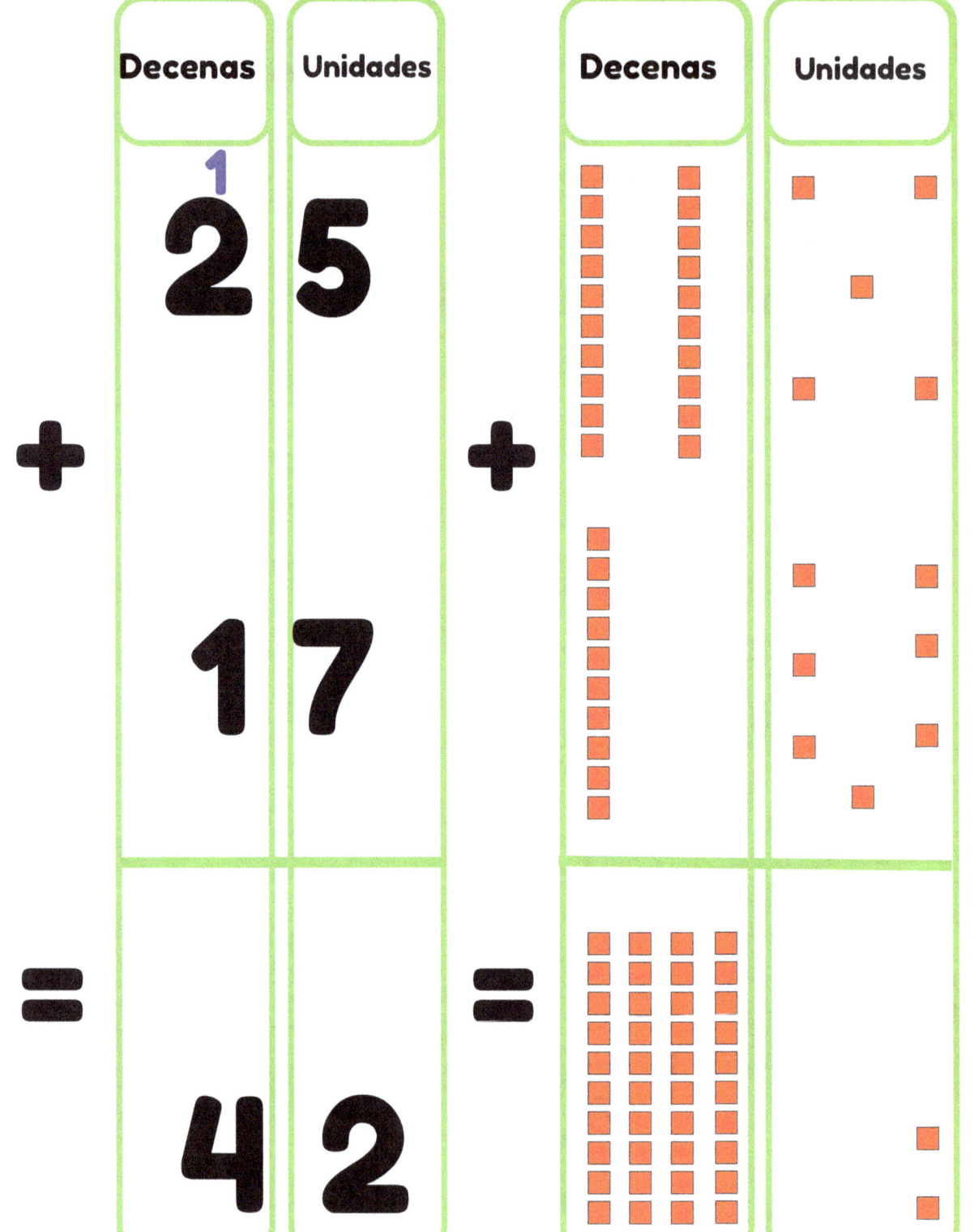

Nombre: _____ Maestro: _____

Clase: _____ Fecha: _____

A sumar

15 + 23	40 + 2	12 + 14	28 + 16
14 + 22	27 + 22	15 + 19	23 + 16
11 + 20	24 + 22	21 + 24	25 + 14

Nombre.................... Fecha....................

Continúa las series

Completa las series del 1 al 10

| 1 | | 3 | | 5 | 6 | | 8 | 9 | |

Completa la serie del 11 al 20

| 11 | | | 14 | | 16 | | | 18 | 19 | |

Completa la serie del 21 al 30

| | 22 | | | 25 | 26 | | 28 | | 30 |

Completa la serie del 31 al 40

| 31 | 32 | | 34 | | 36 | 37 | | 39 | 40 |

Completa la serie del 41 al 50

| 41 | | | 44 | 45 | | 47 | 48 | | |

1.- Mario tenía 20 pesos y quería comprar una libreta de 40 pesos ¿Cuánto dinero le faltaba?

Dibújalo

Representalo en la recta numérica.

Operación	Resultado:

1.- Isabel vendió un cuento en 35 pesos y un lápiz en 15 ¿Cuánto dinero ganó?

Dibújalo

Operación

Resultado:

Nombre .... Clase .... Fecha ....

Traza los triángulos con color

triángulo

Nombre

Traza la figura

Colorea:

Traza el nombre de la figura

Triángulo
Triángulo
Triángulo

Remarca los rectángulo con color

rectángulo

Resuelve el acertijo

🦆 + 🦆 + 🦆 = 21

🦆 + 🗼 + 🗼 = 15

🗼🗼 − 🍍 = 5

🦆 + 🗼 + 🍍 = ?

? = __14__

Unidad 6

Las fichas azules están encerradas en decenas, cuéntalas y resuelve la suma de abajo.

10 U + 10 U + 10 U +

10 U + 10 U + 10 U = ☐

Resuelve la suma, recuerda que las fichas rojas representan las decenas y cada decena vale 10.

1D + 1D + 1D +

1D + 1D + 1D = ☐

Dibuja la cantidad de decenas que indican los números que están al lado de los rectángulos.

2 Decenas

5 Decenas

Encierra 6 decenas de marcadores.

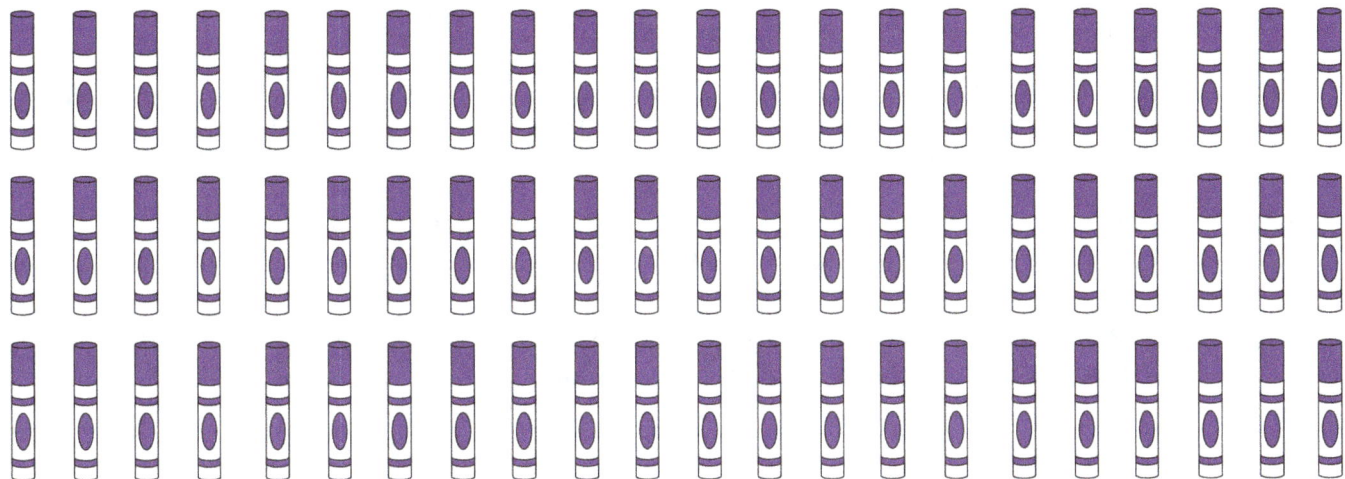

¿Cuántas unidades quedaron sueltas? _____

Encierra 5 decenas de sacapuntas.

¿Cuántas unidades quedaron sueltas? _____

Encierra 2 decena de tijeras

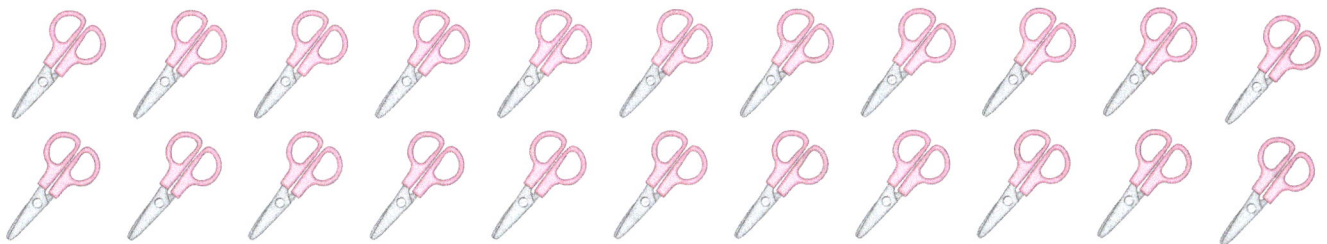

¿Cuántas unidades quedaron sueltas? _____

Secuencia numérica

Observa y lee la secuencia numérica del 1 al 60.

1, 2, 3, 4, 5, 6, 7, 8, 9, 10

11, 12, 13, 14, 15, 16, 17, 18, 19, 20

21, 22, 23, 24, 25, 26, 27, 28, 29, 30

31, 32, 33, 34, 35, 36, 37, 38, 39, 40

41, 42, 43, 44, 45, 46, 47, 48, 49, 50

51, 52, 53, 54, 55, 56, 57, 58, 59, 60

Escribe el nombre de los números del 50 al 60

50 cincuenta	50 _____
51 cincuenta y uno	51 _____
52 cincuenta y dos	52 _____
53 cincuenta y tres	53 _____
54 cincuenta y cuatro	54 _____
55 cincuenta y cinco	55 _____
56 cincuenta y seis	56 _____
57 cincuenta y siete	57 _____
58 cincuenta y ocho	58 _____
59 cincuenta y nueve	59 _____
60 sesenta	60 _____

51 cincuenta y uno

51 51 51 51 51 51

52 cincuenta y dos

52 52 52 52 52

53 cincuenta y tres

53 53 53 53 53

54 cincuenta y cuatro

54 54 54 54 54

55 cincuenta y cinco

55 55 55 55 55 55

56 cincuenta y seis

56 56 56 56 56

57 cincuenta y siete
57 57 57 57 57

58 cincuenta y ocho
58 58 58 58 58

59 cincuenta y nueve
59 59 59 59 59

60 sesenta

60   60   60   60

Cuenta hacia atrás

60 59 58 57 56
55 54 53 52 51

Cuenta hacia atrás

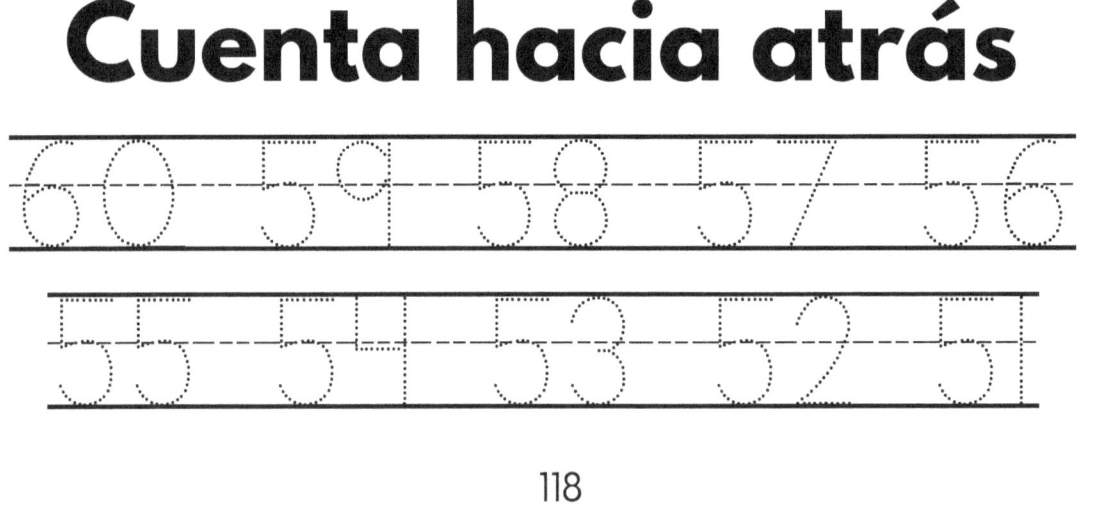

60 59 58 57 56
55 54 53 52 51

Nombre: _____ Fecha: _____

Resuelve las sumas con apoyo de las rectas numéricas.

2 + 2 = ___	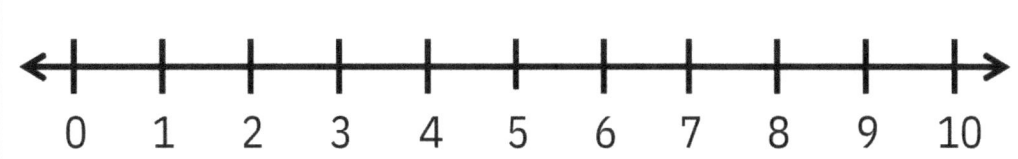
2 + 4 = ___	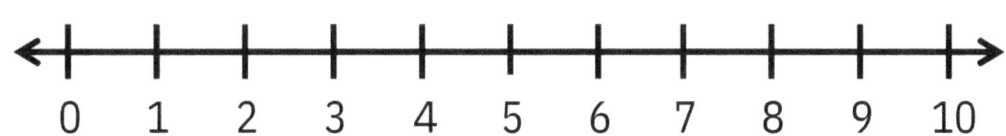
4 + 4 = ___	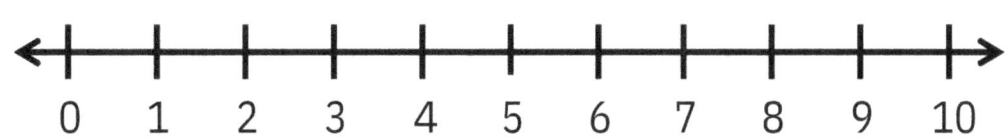
1 + 1 = ___	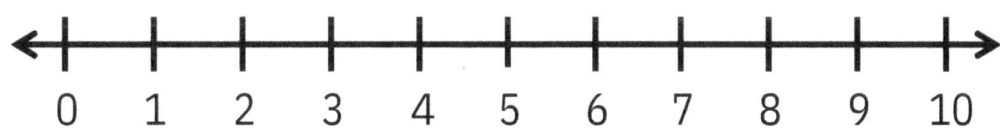
2 + 6 = ___	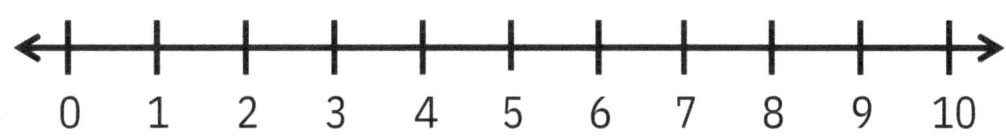
7 + 1 = ___	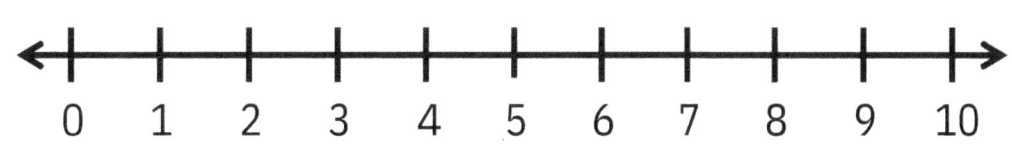

Restas

Para resolver la resta ilumina los círculos, escribe la respuesta en el recuadro.

$$58 - 10 = \boxed{}$$

Sumas

Colorea los círculos y resuelve la suma escribe el resultado en el cuadro.

45 + 10 =

Sumas

34 + 10 =

14 + 10 =

24 + 10 =

44 + 10 =

12 + 10 =

23 + 10 =

33 + 10 =

43 + 10 =

11 + 10 =

21 + 10 =

31 + 10 =

41 + 10 =

15 + 10 =

25 + 10 =

35 + 10 =

45 + 10 =

 # Restas

| 34 - 10 = | 14 - 10 = | 24 - 10 = | 44 - 10 = |

| 12 - 10 = | 23 - 10 = | 33 - 10 = | 43 - 10 = |

| 11 - 10 = | 21 - 10 = | 31 - 10 = | 41 - 10 = |

| 15 - 10 = | 25 - 10 = | 35 - 10 = | 45 - 10 = |

1.- María tiene **44** libros y quiere tener **52** ¿Cuántos le faltan?

Dibújalo

Representalo en la recta numérica.

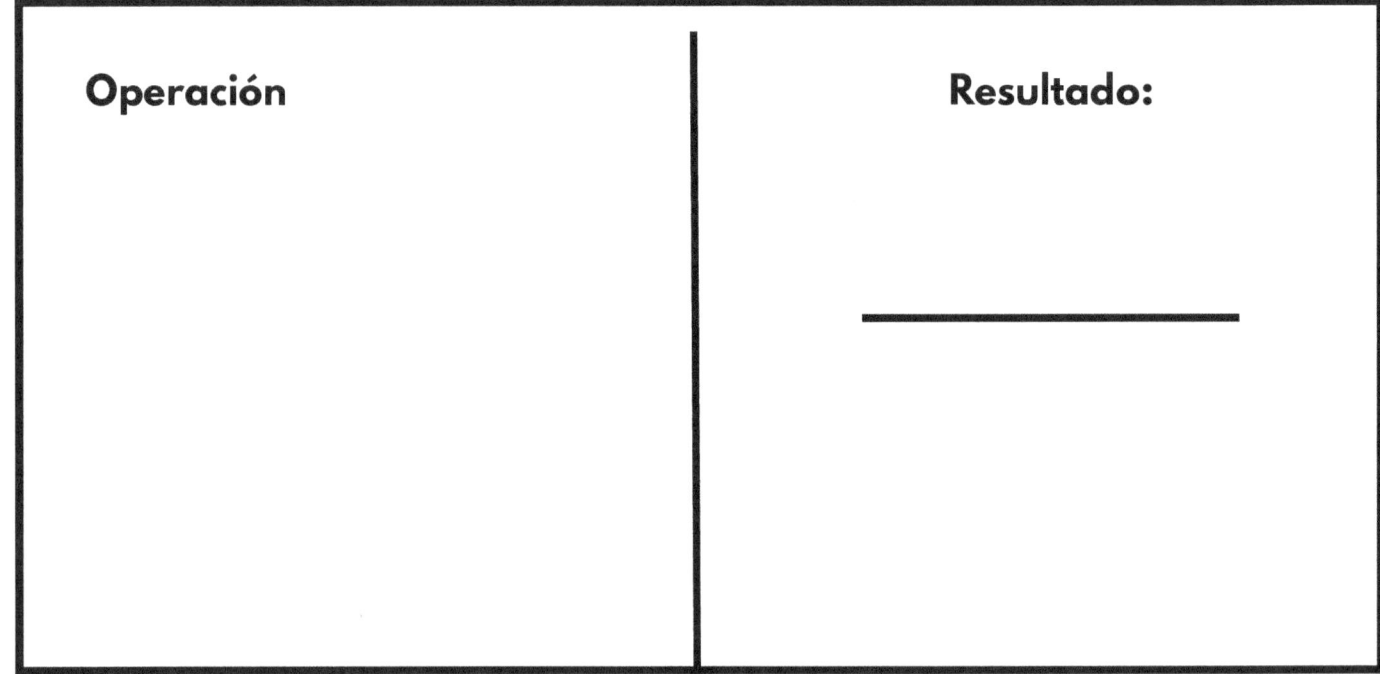

2.- Luis vende dibujos a 15 pesos cada uno, si vende 2 ¿Cuánto dinero ganará?

Dibújalo

Representalo en la recta numérica.

Operación

Resultado:

¿CUÁNTAS FIGURAS HAY?
Escríbelo en los círculos de abajo

Unidad 7

Las fichas azules están encerradas en decenas, cuéntalas y resuelve la suma de abajo.

10 U + 10 U + 10 U + 10 U +

10 U + 10 U + 10 U = ☐

Resuelve la suma, recuerda que las fichas rojas representan las decenas y cada decena vale 10.

1D + 1D + 1D + 1D +

1D + 1D + 1D = ☐

Dibuja las fichas correspondientes en cada círculo.

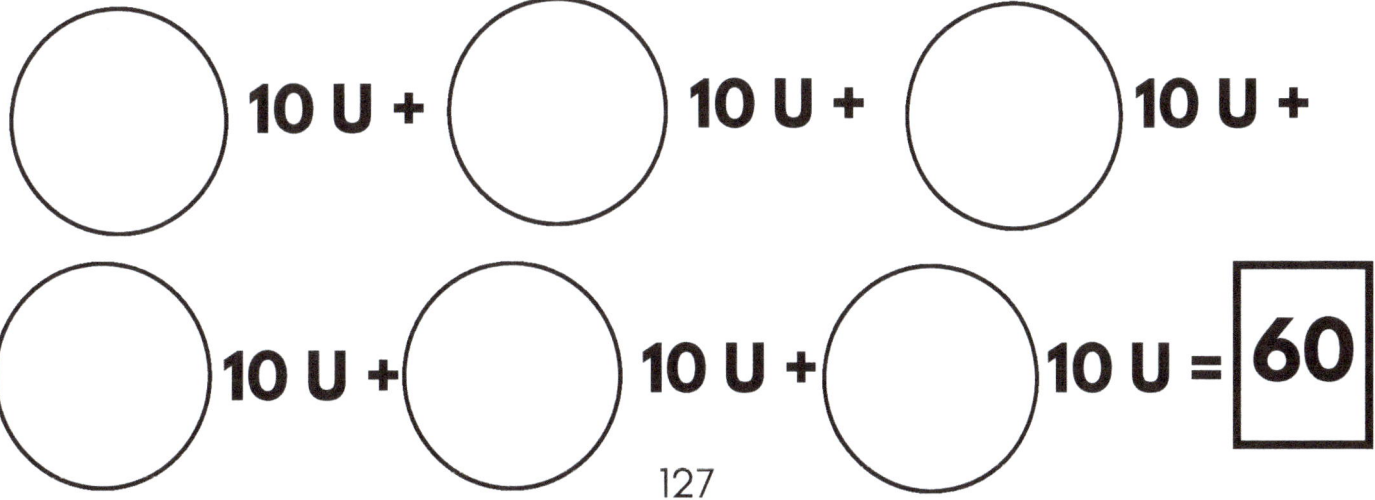

Dibuja la cantidad de decenas que indican los números que están al lado de los rectángulos.

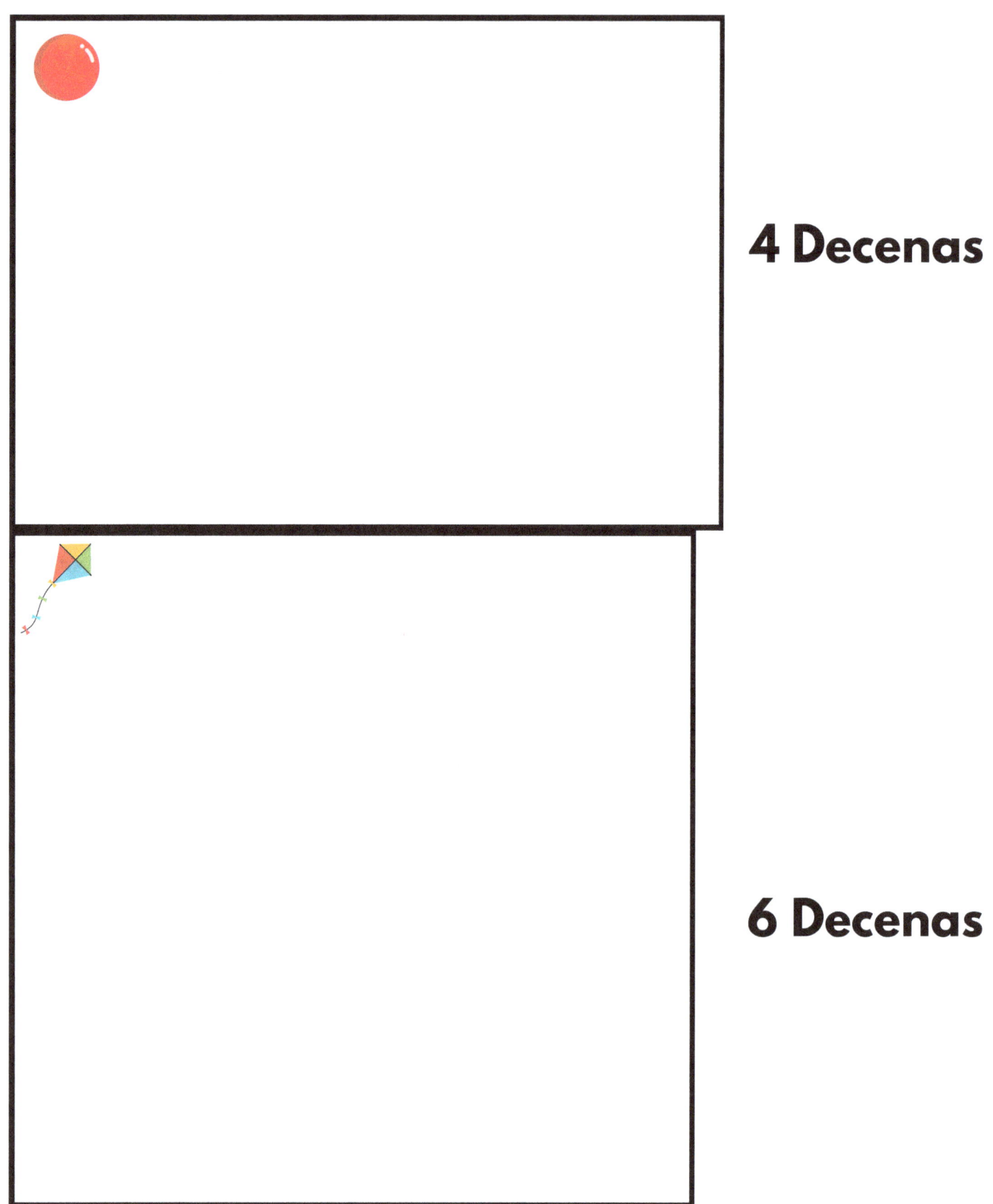

Encierra 7 decenas de pelotas

¿Cuántas unidades quedaron sueltas? _____

Encierra 2 decenas de patitos.

¿Cuántas unidades quedaron sueltas? _____

Encierra 3 decena de ranitas.

¿Cuántas unidades quedaron sueltas? _____

Secuencia numérica

Observa y lee la secuencia numérica del 1 al 70.

1, 2, 3, 4, 5, 6, 7, 8, 9, 10
11, 12, 13, 14, 15, 16, 17, 18, 19, 20
21, 22, 23, 24, 25, 26, 27, 28, 29, 30
31, 32, 33, 34, 35, 36, 37, 38, 39, 40
41, 42, 43, 44, 45, 46, 47, 48, 49, 50
51, 52, 53, 54, 55, 56, 57, 58, 59, 60
61, 62, 63, 64, 65, 66, 67, 68, 69, 70

Escribe el nombre de los números del 60 al 70

60 sesenta	60 _____
61 sesenta y uno	61 _____
62 sesenta y dos	62 _____
63 sesenta y tres	63 _____
64 sesenta y cuatro	64 _____
65 sesenta y cinco	65 _____
66 sesenta y seis	66 _____
67 sesenta y siete	67 _____
68 sesenta y ocho	68 _____
69 sesenta y nueve	69 _____
70 setenta	70 _____

61 sesenta y uno
61 61 61 61 61 61

62 sesenta y dos
62 62 62 62 62

63 sesenta y tres
63 63 63 63 63

64 sesenta y cuatro

64 64 64 64 64

65 sesenta y cinco

65 65 65 65 65 65

66 sesenta y seis

66 66 66 66 66

67 sesenta y siete

67 67 67 67 67

68 sesenta y ocho

68 68 68 68 68

69 sesenta y nueve

69 69 69 69 69

70 setenta

70 70 70 70

Cuenta hacia atrás

Cuenta hacia atrás

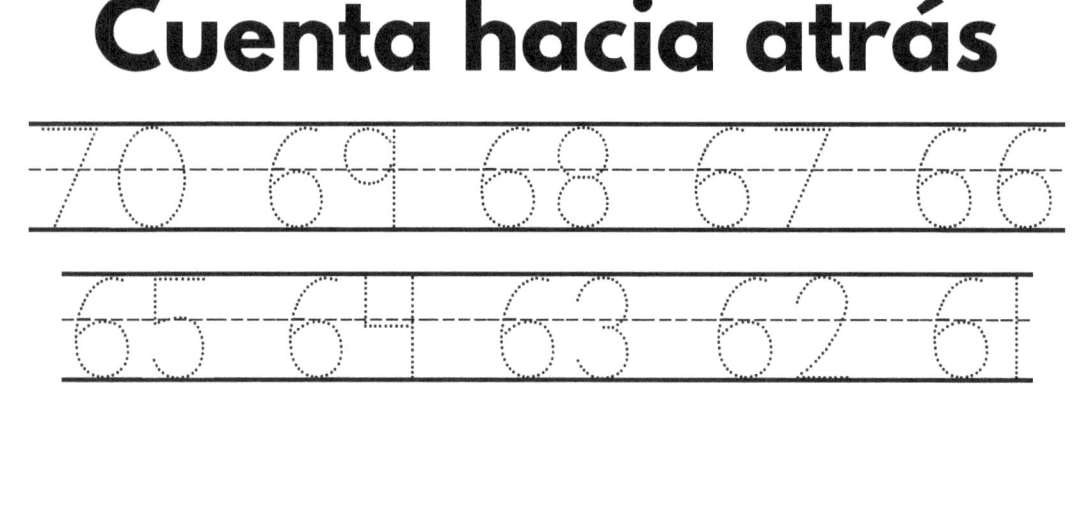

Restas

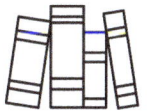

Para resolver la resta ilumina los círculos, escribe la respuesta en el recuadro.

65 − 10 =

Sumas

Colorea los círculos y resuelve la suma escribe el resultado en el cuadro.

57 + 10 =

 # Sumas

28 + 12 =
34 + 20 =
17 + 13 =
45 + 15 =

56 + 14 =
23 + 25 =
32 + 32 =
49 + 10 =

51 + 15 =
53 + 7 =
21 + 19 =
18 + 12 =

55 + 10 =
65 + 5 =
32 + 22 =
46 + 20 =

Restas

50 - 20 = ___

34 - 20 = ___

44 - 20 = ___

65 - 20 = ___

65 - 15 = ___

55 - 15 = ___

45 - 15 = ___

35 - 15 = ___

67 - 11 = ___

56 - 11 = ___

48 - 11 = ___

32 - 11 = ___

70 - 20 = ___

60 - 20 = ___

40 - 20 = ___

30 - 20 = ___

1.- Sebastian tenía 45 pesos y gastó 10 en unas papas. ¿Cuánto dinero le sobró?

Dibújalo

Representalo en la recta numérica.

Operación

Resultado:
_____

2.- Julia tenía 70 pesos pero gastó 20 en su desayuno. ¿Cuánto dinero le quedó?

Dibújalo

Representalo en la recta numérica.

Operación

Resultado:

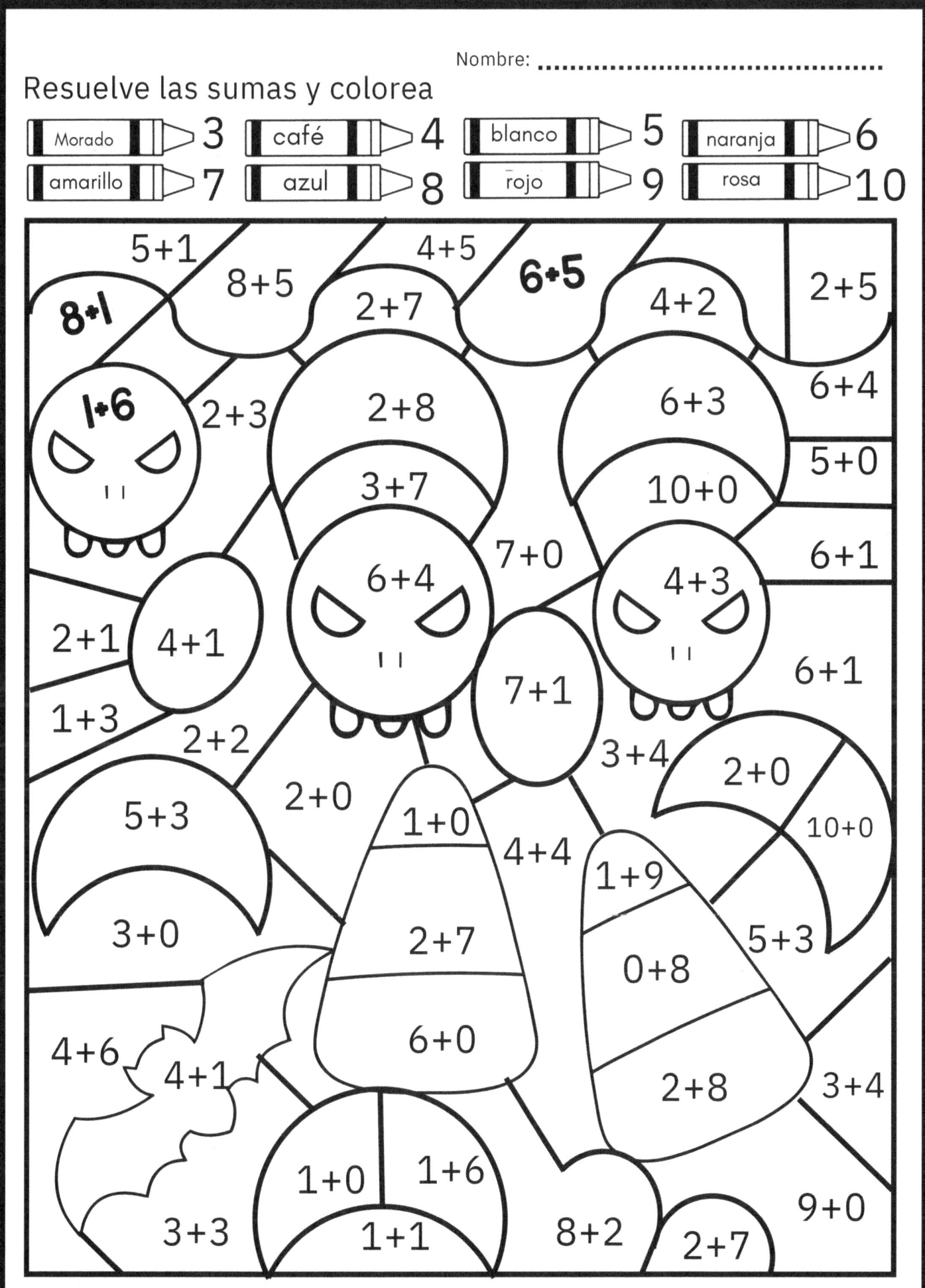

Nombre..   Fecha..

Escribe los números faltantes en las tazas

Partes del reloj

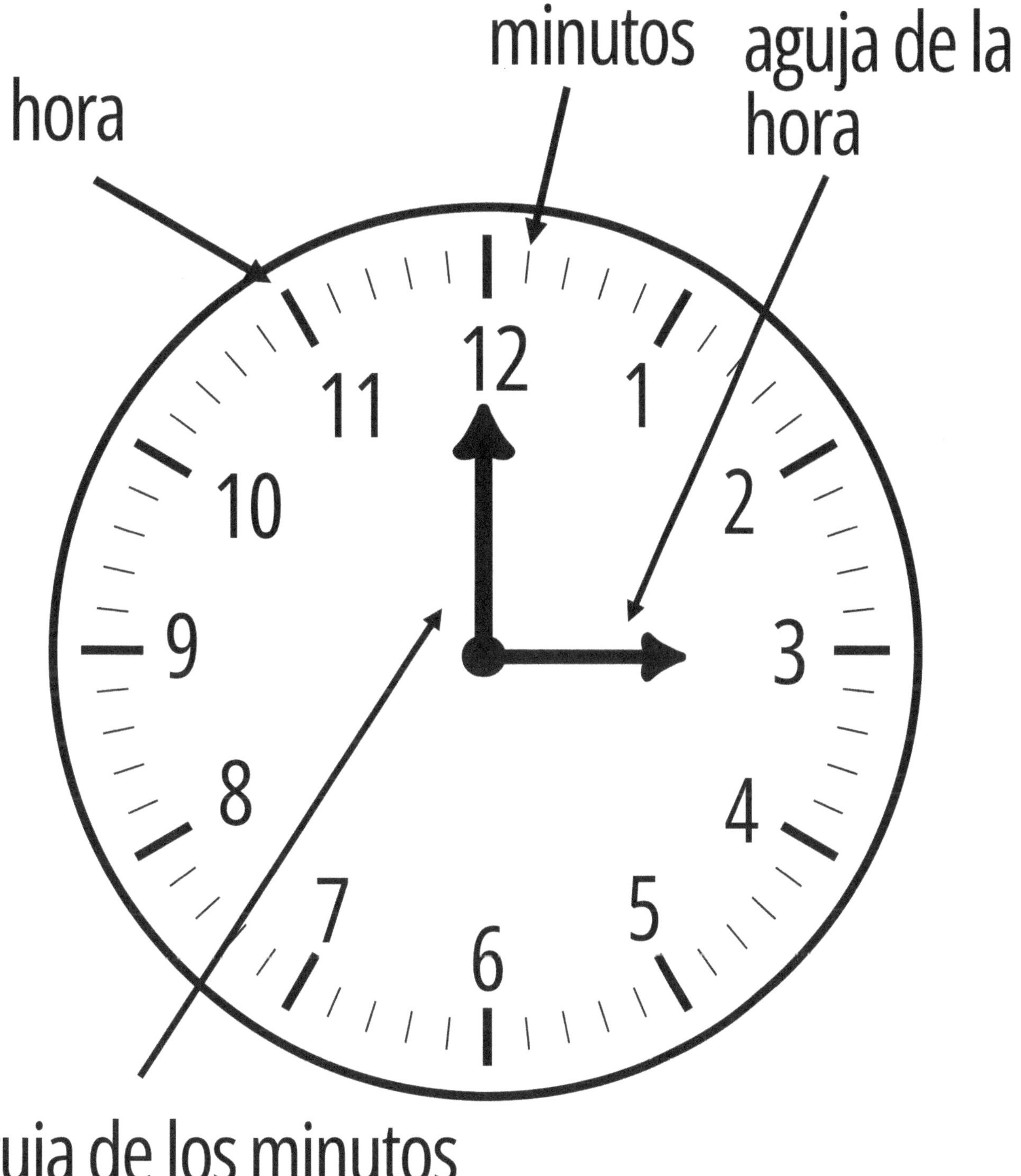

hora

minutos

aguja de la hora

aguja de los minutos

Un reloj marca 12 horas.
Un reloj marca 60 minutos.

Decir la hora

reloj digital    reloj análogo

La manecilla corta indica la hora.
La manecilla larga cuenta los minutos.

60 minutos = 1 hora

30 minutos = 2 hora

15 minutos = 4 hora

a m = antes de medio día
p m = pasado medio día /tarde.

 cuarto después de las 12

 12 y media

 cuarto para las 12

Construye tu reloj

Recorta y pega los números en el reloj donde corresponda.

1	2	3	4	5	6
7	8	9	10	11	12

Nombre

Traza la figura:

Colorea:

Traza el nombre de la figura

Ovalo Ovalo

Ovalo Ovalo

Ovalo Ovalo

Nombre:

Traza la figura:

Colorea:

Traza el nombre de la figura:

Pentágono

Pentágono

Pentágono

Unidad 8

Las fichas azules están encerradas en decenas, cuéntalas y resuelve la suma de abajo.

10 U + 10 U + 10 U + 10 U + 10 U + 10 U + 10 U + 10 U = ☐

Resuelve la suma, recuerda que las fichas rojas representan las decenas y cada decena vale 10.

1D + 1D + 1D + 1D + 1D + 1D + 1D + 1D = ☐

Dibuja las fichas correspondientes en cada círculo.

10 U + 10 U + 10 U + 10 U + 10 U + 10 U + 10 U = **70**

Dibuja la cantidad de decenas que indican los números que están al lado de los rectángulos.

5 Decenas de flores

7 Decenas de hojas

Encierra 8 decenas de flores

¿Cuántas unidades quedaron sueltas? _____

Encierra 4 decena de estrellas.

¿Cuántas unidades quedaron sueltas? _____

Secuencia numérica

Observa y lee la secuencia numérica del 1 al 80.

1	2	3	4	5	6	7	8	9	10
11	12	13	14	15	16	17	18	19	20
21	22	23	24	25	26	27	28	29	30
31	32	33	34	35	36	37	38	39	40
41	42	43	44	45	46	47	48	49	50
51	52	53	54	55	56	57	58	59	60
61	62	63	64	65	66	67	68	69	70
71	72	73	74	75	76	77	78	79	80

Escribe el nombre de los números del 70 al 80

70 setenta
71 setenta y uno
72 setenta y dos
73 setenta y tres
74 setenta y cuatro
75 setenta y cinco
76 setenta y seis
77 setenta y siete
78 setenta y ocho
79 setenta y nueve
80 ochenta

70 _____
71 _____
72 _____
73 _____
74 _____
75 _____
76 _____
77 _____
78 _____
79 _____
80 _____

71 setenta y uno

71 71 71 71 71

72 setenta y dos

72 72 72 72 72

73 setenta y tres

73 73 73 73 73

74 setenta y cuatro

74 74 74 74 74

75 setenta y cinco

75 75 75 75 75 75

76 setenta y seis

76 76 76 76 76

77 setenta y siete

77 77 77 77 77

78 setenta y ocho

78 78 78 78 78

79 setenta y nueve

79 79 79 79 79

80 ochenta

80 80 80 80 80

Cuenta hacia atrás

80 79 78 77 76
75 74 73 72 71

Cuenta hacia atrás

80 79 78 77 76
75 74 73 72 71

Restas

Para resolver la resta ilumina los círculos, escribe la respuesta en el recuadro.

76 − 10 = ☐

Sumas

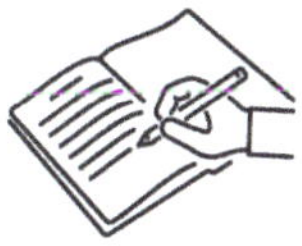

Colorea los círculos y resuelve la suma escribe el resultado en el cuadro.

68 + 10 = ☐

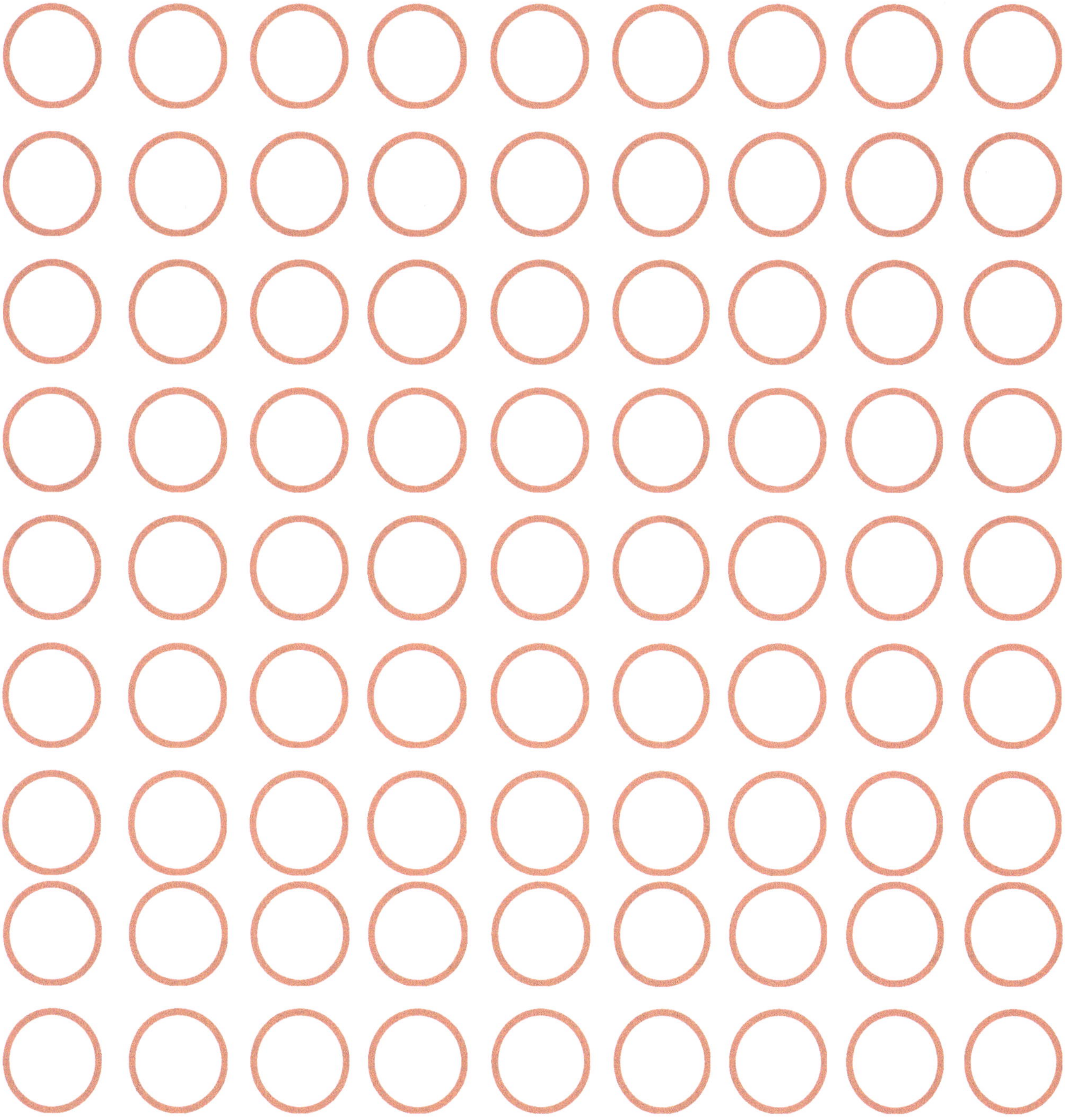

Sumas

| 10 + 5 = | 15 + 5 = | 20 + 5 = | 25 + 5 = |

| 30 + 5 = | 35 + 5 = | 40 + 5 = | 45 + 5 = |

| 50 + 5 = | 55 + 5 = | 60 + 5 = | 65 + 5 = |

| 70 + 5 = | 75 + 5 = | 5 + 5 = | 10 + 5 = |

 # Restas

50 - 5 =	40 - 5 =	30 - 5 =	20 - 5 =
60 - 5 =	70 - 5 =	80 - 5 =	10 - 5 =
15 - 5 =	25 - 5 =	35 - 5 =	45 - 5 =
55 - 5 =	65 - 5 =	75 - 5 =	35 - 5 =

1.- Mario compró un mango de 20 pesos y un melón de 35 pesos. ¿Cuánto dinero gastó?

Dibújalo

Representalo en la recta numérica.

Operación | **Resultado:**

2.- Pedro comió en un restaurante, si su comida costo 65 pesos y pagó con 80 ¿Cuánto dinero le sobro?

Dibújalo

Representalo en la recta numérica.

Operación

Resultado:

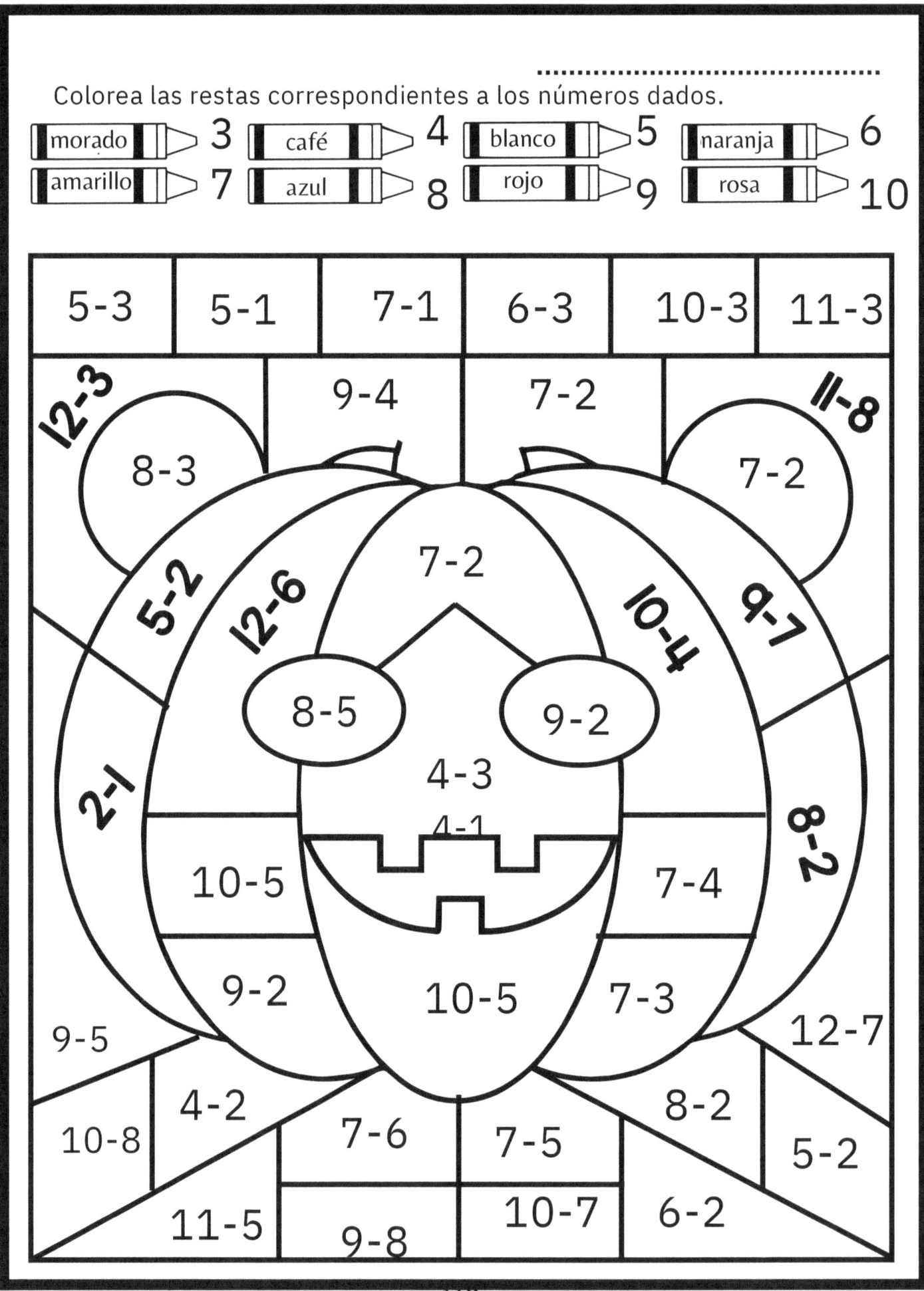

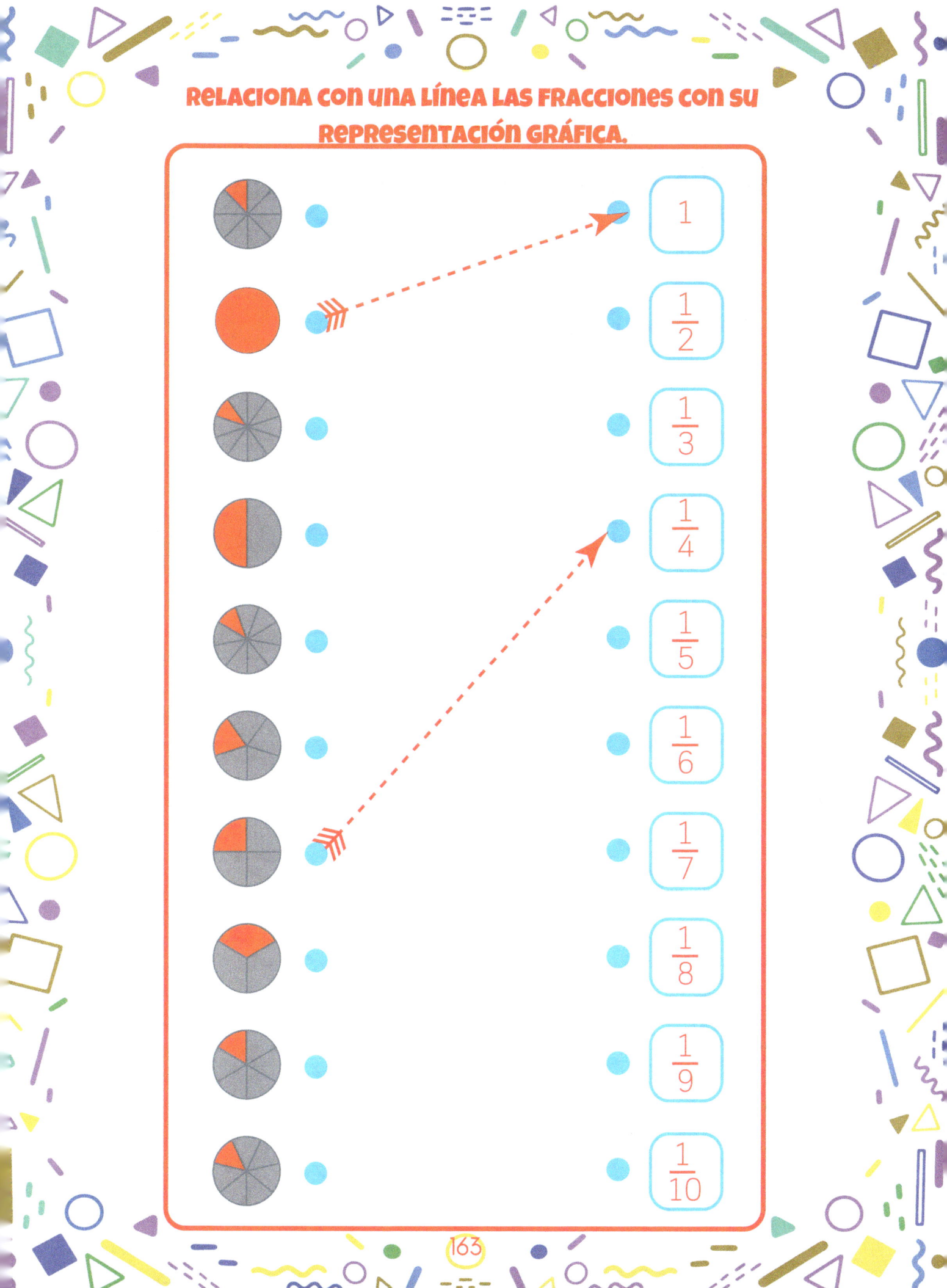

Nombre... fecha.........................

Escribe los números faltantes en las tazas

Recorta los reloj análogos y pégalos en las horas que correspondan.

Fecha

12:00	1:00	2:00	3:00
4:00	5:00	6:00	7:00
8:00	9:00	10:00	11:00

165

Nombre:

Traza la figura:

Colorea:

Traza el nombre de la figura:

Hexágono

Hexágono

Hexágono

Nombre

Traza la figura:

Colorea:

Traza el nombre de la figura

Rombo
Rombo
Rombo

Unidad 9

Las fichas azules están encerradas en decenas, cuéntalas y resuelve la suma de abajo.

10 U + 10 U + 10 U + 10 U +

10 U + 10 U + 10 U + 10 U +

10 U =

Resuelve la suma, recuerda que las fichas rojas representan las decenas y cada decena vale 10.

1D + 1D + 1D + 1D +

1D + 1D + 1D + 1D +

1D =

Dibuja la cantidad de decenas que indican los números que están al lado de los rectángulos.

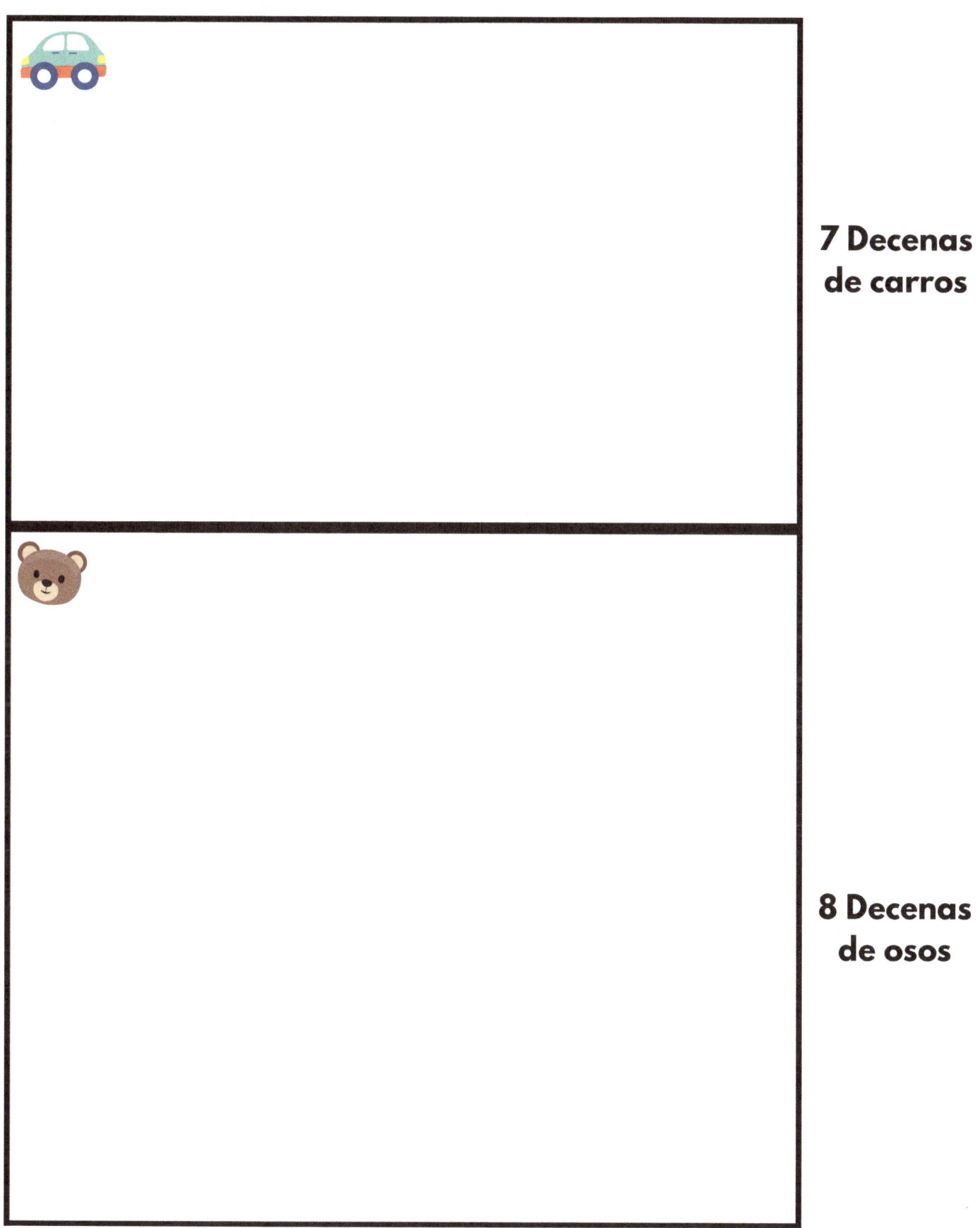

Encierra 9 decenas de muñecas.

¿Cuántas unidades quedaron sueltas? _____

Encierra 5 decena de jirafas.

¿Cuántas unidades quedaron sueltas? _____

Secuencia numérica

Observa y lee la secuencia numérica del 1 al 90.

1	2	3	4	5	6	7	8	9	10
11	12	13	14	15	16	17	18	19	20
21	22	23	24	25	26	27	28	29	30
31	32	33	34	35	36	37	38	39	40
41	42	43	44	45	46	47	48	49	50
51	52	53	54	55	56	57	58	59	60
61	62	63	64	65	66	67	68	69	70
71	72	73	74	75	76	77	78	79	80
81	82	83	84	85	86	87	88	89	90

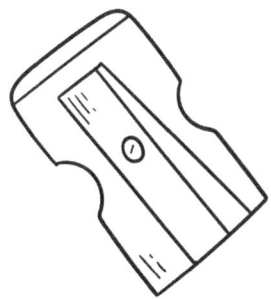
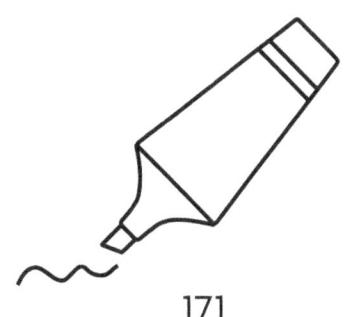

Escribe el nombre de los números del 80 al 90

80 ochenta
81 ochenta y uno
82 ochenta y dos
83 ochenta y tres
84 ochenta y cuatro
85 ochenta y cinco
86 ochenta y seis
87 ochenta y siete
88 ochenta y ocho
89 ochenta y nueve
90 noventa

80 _____
81 _____
82 _____
83 _____
84 _____
85 _____
86 _____
87 _____
88 _____
89 _____
90 _____

81
ochenta y uno

81 81 81 81 81 81

82
ochenta y dos

82 82 82 82 82

83
ochenta y tres

83 83 83 83 83

84 ochenta y cuatro

84 84 84 84 84

85 ochenta y cinco

85 85 85 85 85 85

86 ochenta y seis

86 86 86 86 86

87 ochenta y siete

87 87 87 87 87

88 ochenta y ocho

88 88 88 88 88

89 ochenta y nueve

89 89 89 89 89

175

90
noventa

90 90 90 90

Cuenta hacia atrás

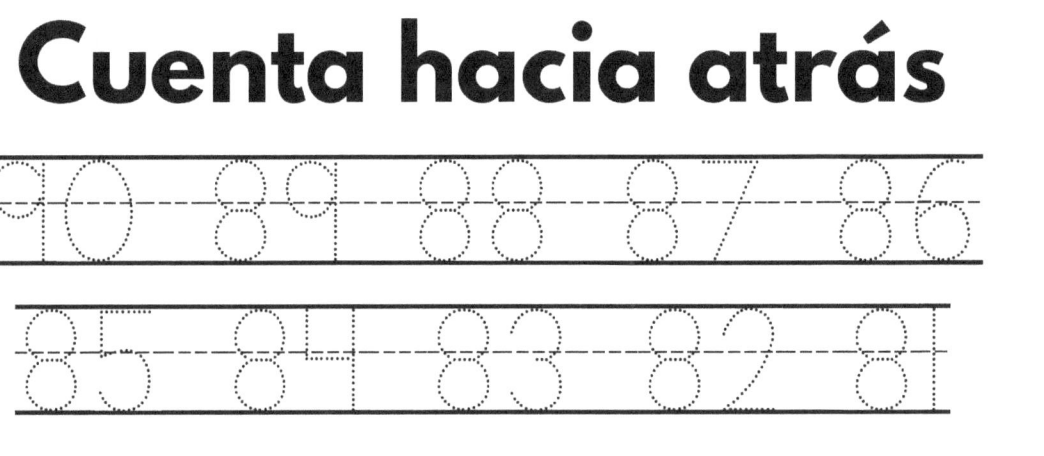

90 89 88 87 86
85 84 83 82 81

Cuenta hacia atrás

90 89 88 87 86
85 84 83 82 81

Restas

Para resolver la resta ilumina los círculos, escribe la respuesta en el recuadro.

$$83 - 20 = \boxed{}$$

Sumas

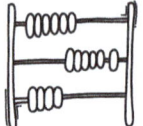

Colorea los círculos y resuelve la suma escribe el resultado en el cuadro.

Sumas

23 + 14 =

34 + 12 =

26 + 13 =

28 + 11 =

35 + 23 =

36 + 22 =

37 + 21 =

32 + 24 =

47 + 21 =

45 + 23 =

42 + 25 =

46 + 22 =

50 + 36 =

57 + 32 =

58 + 31 =

59 + 30 =

Restas

87 - 41 =

79 - 43 =

78 - 35 =

90 - 70 =

68 - 24 =

75 - 34 =

80 - 50 =

73 - 21 =

54 - 23 =

65 - 42 =

35 - 24 =

45 - 35 =

55 - 25 =

63 - 32 =

75 - 42 =

35 - 24 =

1.- Roberto compró un boleto para un partido de futbol si le costó 89 pesos y pagó con un billete de 100 pesos ¿Cuánto dinero le sobró?

Dibújalo

Representalo en la recta numérica.

Operación	**Resultado:**

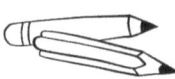

2.- Regina quería comprar un jugo de 45 pesos si solo trae 25 pesos ¿Cuánto dinero le falta?

Dibújalo

Representalo en la recta numérica.

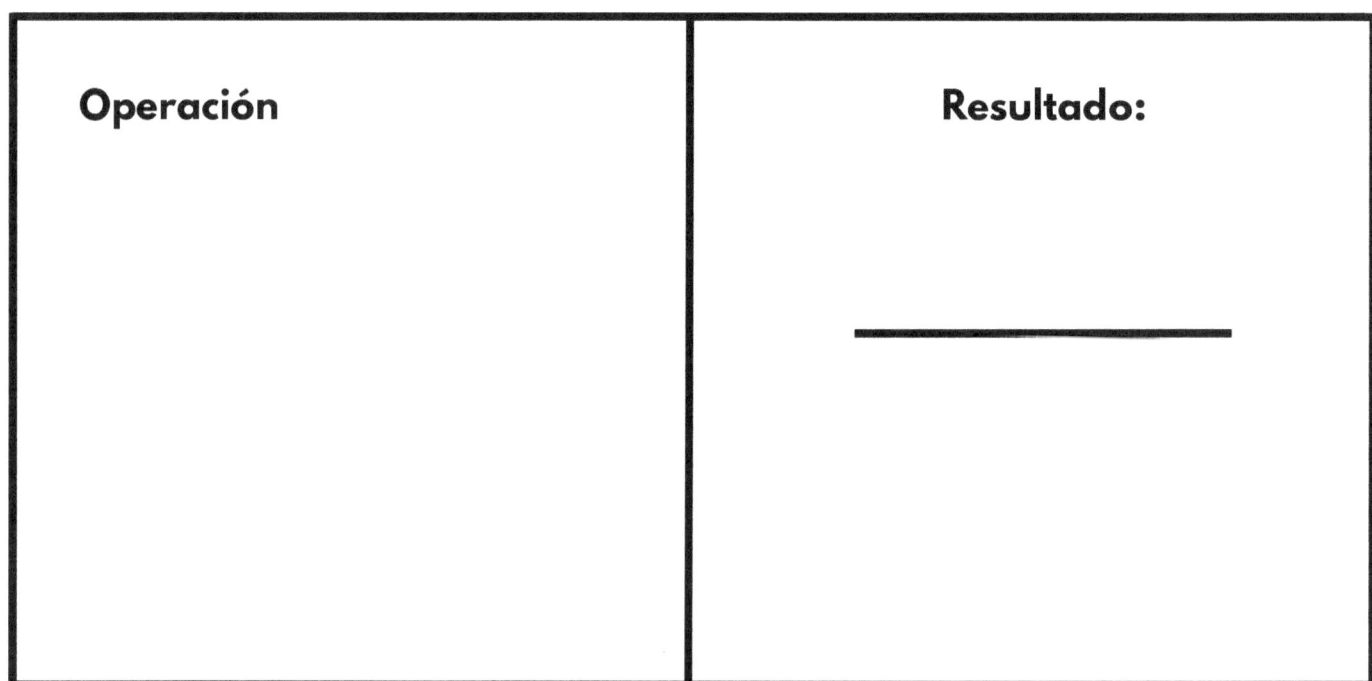

182

Nombre:

Traza la figura:

Colorea:

Traza el nombre de las figuras:

Trapecio
Trapecio
Trapecio

Unión de figuras geométricas

Nombre:

¿Cuáles figuras geométricas tiene el robot?

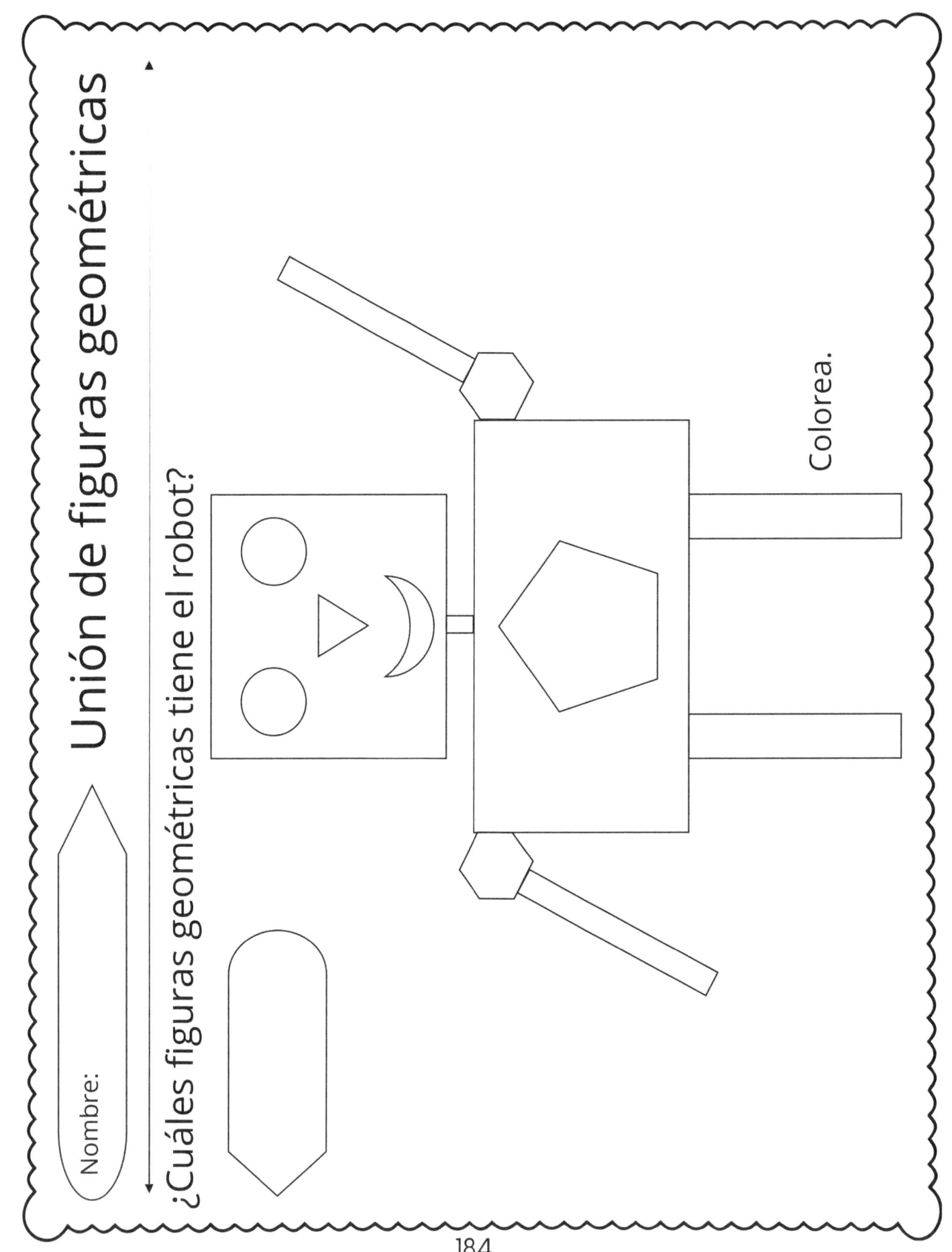

Colorea.

COLOREA LAS FRACCIONES

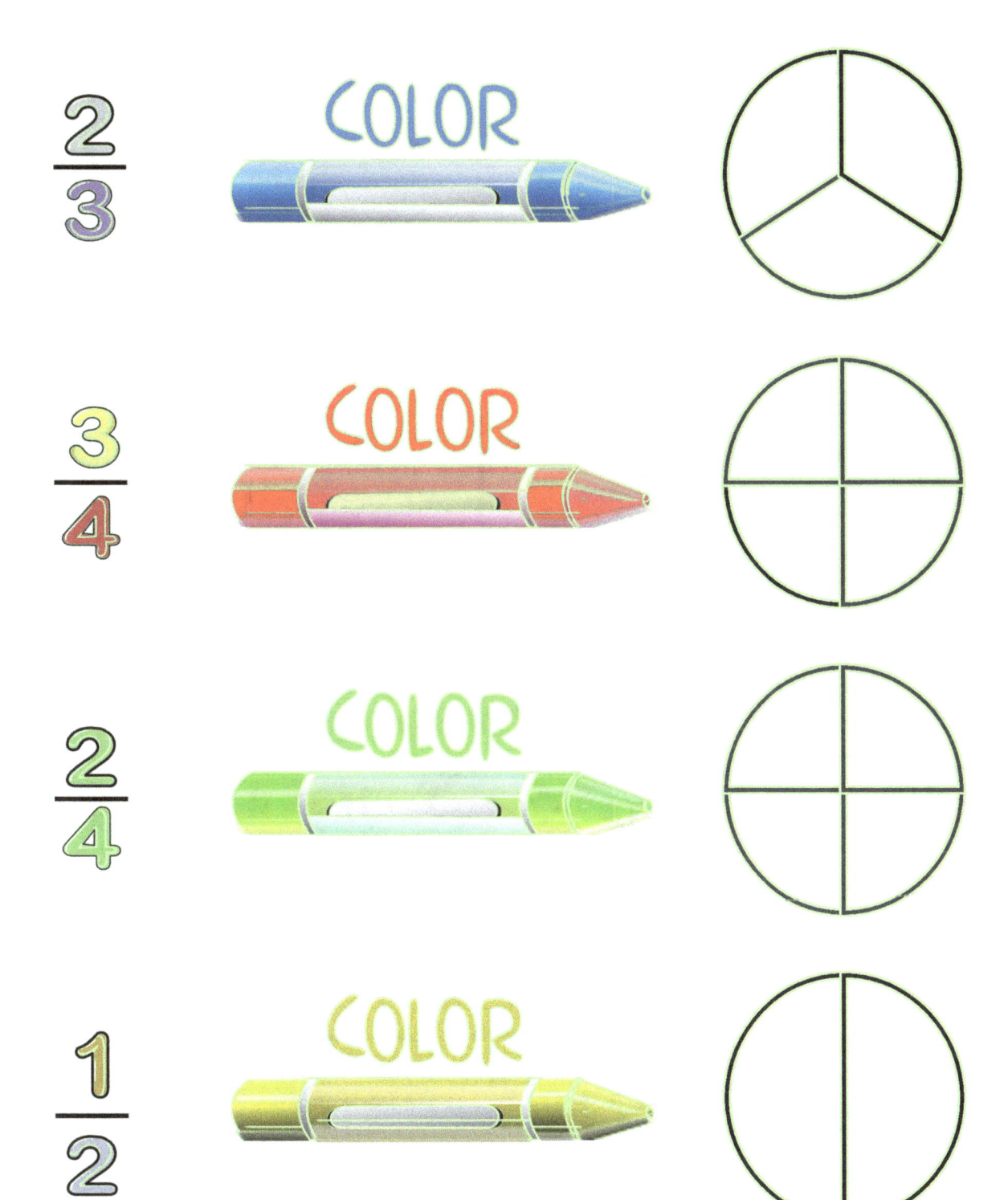

Unidad 10

Las fichas azules están encerradas en decenas, cuéntalas y resuelve la suma de abajo.

10 U + 10 U + 10 U + 10 U +

10 U + 10 U + 10 U + 10 U +

10 U + 10 U = ☐

Resuelve la suma, recuerda que las fichas rojas representan las decenas y cada decena vale 10.

1D + 1D + 1D + 1D +

1D + 1D + 1D + 1D +

1D + 1D = ☐

Dibuja la cantidad de decenas que indican los números que están al lado de los rectángulos.

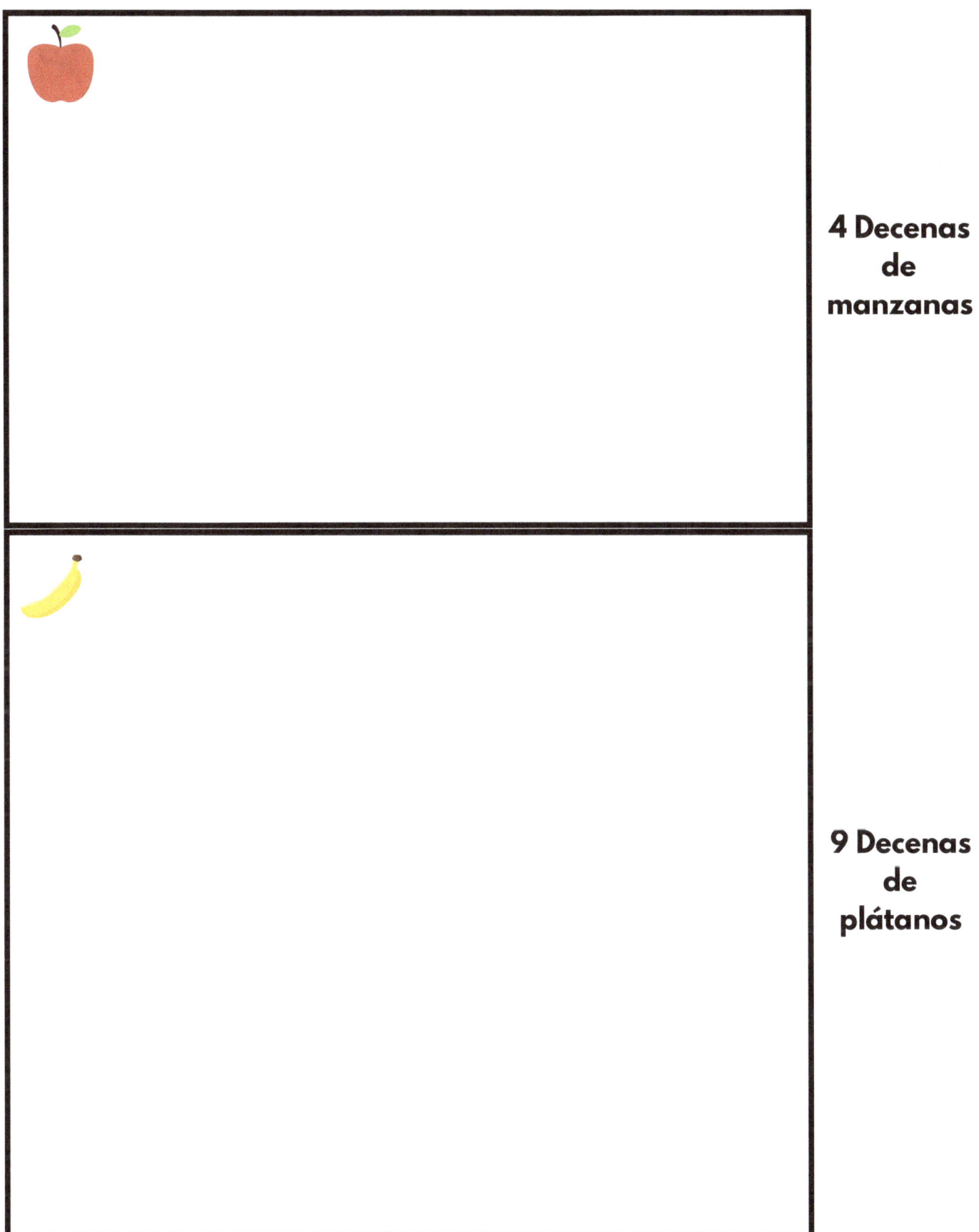

Encierra 10 decenas de naranjas.

¿Cuántas unidades quedaron sueltas? _____

Encierra 2 decena de fresas.

¿Cuántas unidades quedaron sueltas? _____

Secuencia numérica

Observa y lee la secuencia numérica del 1 al 100.

1	2	3	4	5	6	7	8	9	10
11	12	13	14	15	16	17	18	19	20
21	22	23	24	25	26	27	28	29	30
31	32	33	34	35	36	37	38	39	40
41	42	43	44	45	46	47	48	49	50
51	52	53	54	55	56	57	58	59	60
61	62	63	64	65	66	67	68	69	70
71	72	73	74	75	76	77	78	79	80
81	82	83	84	85	86	87	88	89	90
91	92	93	94	95	96	97	98	99	100

Escribe el nombre de los números del 90 al 100

90 noventa
91 noventa y uno
92 noventa y dos
93 noventa y tres
94 noventa y cuatro
95 noventa y cinco
96 noventa y seis
97 noventa y siete
98 noventa y ocho
99 noventa y nueve
100 cien

90 _____
91 _____
92 _____
93 _____
94 _____
95 _____
96 _____
97 _____
98 _____
99 _____
100 _____

SIGUE LA SERIE DEL 51 AL 100

Nombre.. Fecha..............................

Escribe los números faltantes en las tazas

91 noventa y uno

91 91 91 91 91 91

92 noventa y dos

92 92 92 92 92

93 noventa y tres

93 93 93 93 93

94
noventa y cuatro

94 94 94 94 94

95
noventa y cinco

95 95 95 95 95 95

96
noventa y seis

96 96 96 96 96

97 noventa y siete

97 97 97 97 97

98 noventa y ocho

98 98 98 98 98

99 noventa y nueve

99 99 99 99 99

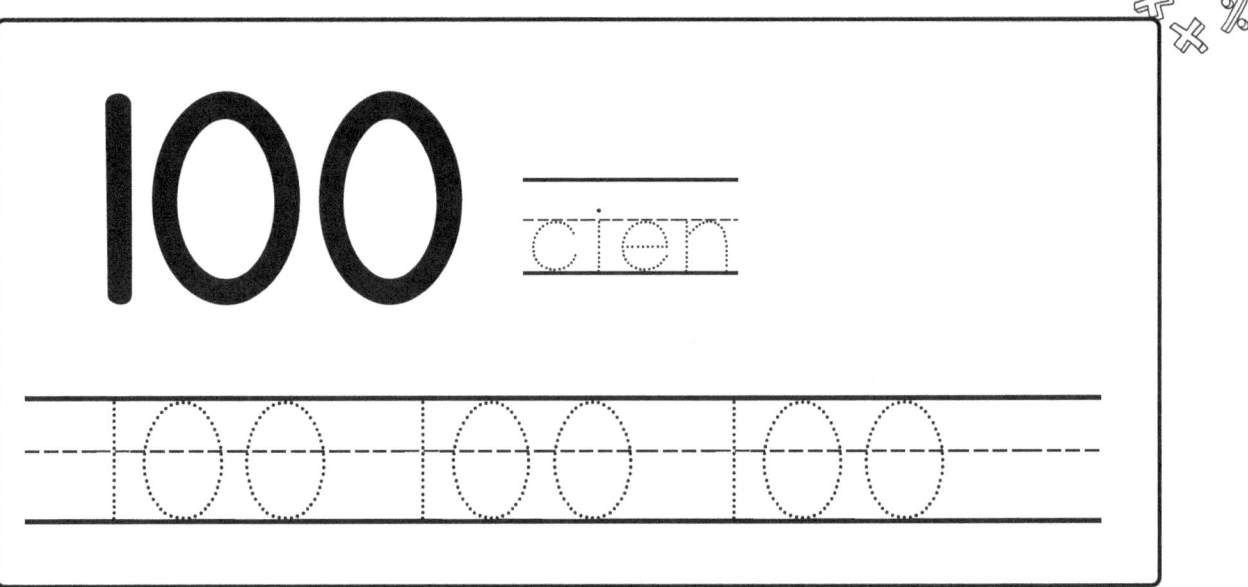

Cuenta hacia atrás

Cuenta hacia atrás

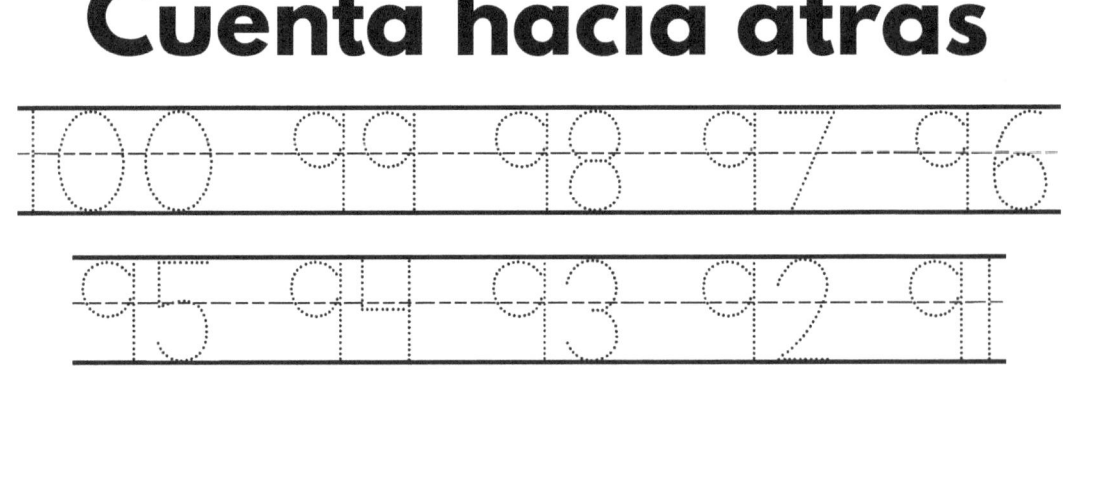

Gracias

Muy bien, haz terminado este libro. Si te gustó te agradezco una pequeña reseña en la app de Amazon.

Mtra. Luz Castillo

www.ingramcontent.com/pod-product-compliance
Lightning Source LLC
Chambersburg PA
CBHW062214220526
45471CB00009B/3201